移动平台开发书库

Qt 开发 Symbian 应用权威指南

Frank H. P. Fitzek

Tommi Mikkonen　著

Tony Torp

DevDiv 移动开发社区　译

机械工业出版社

本书主要是向读者介绍如何在 Symbian 上快速有效地创建 Qt 应用程序。全书共分 7 章，包括开发入门、Qt 概述、Qt Mobility APIs、类 Qt 移动扩展、Qt 应用程序和 Symbian 本地扩展、Qt for Symbian 范例。

本书可作为移动设备开发领域的初学者和专业人员的参考用书，也可作为手机开发基础课程的教材。

Qt for Symbian

图书在版编目（CIP）数据

Qt 开发 Symbian 应用权威指南 / DevDiv 移动开发社区译. —北京：机械工业出版社，2011.10

（移动平台开发书库）

ISBN 978-7-111-36089-6

Ⅰ. ①Q… Ⅱ. ①D… Ⅲ. ①移动终端－应用程序－程序设计 Ⅳ. ①TN929.53

中国版本图书馆 CIP 数据核字（2011）第 207583 号

机械工业出版社（北京市百万庄大街 22 号 邮政编码 100037）
责任编辑：郝建伟 郭 娟
责任印制：杨 曦

保定市中画美凯印刷有限公司印刷

2012 年 1 月第 1 版·第 1 次印刷
184mm×260mm·14.75 印张·362 千字
0001－3000 册
标准书号：ISBN 978-7-111-36089-6
定价：45.00 元

凡购本书，如有缺页、倒页、脱页，由本社发行部调换

电话服务　　　　　　　　　网络服务

社 服 务 中 心：（010）88361066　　门户网：http://www.cmpbook.com
销 售 一 部：（010）68326294
销 售 二 部：（010）88379649　　教材网：http://www.cmpedu.com
读者购书热线：（010）88379203　　**封面无防伪标均为盗版**

译 者 序

Qt 是诺基亚今后最重要的开发平台，Symbian、Maemo、MeeGo 都将使用 Qt。鉴于以下原因：

1．市场上几乎不存在相关的中文资料。

2．许多开发者对英文使用不很熟练。

3．图书便于开发者进行系统学习，并可做到随时翻阅。

DevDiv.com 移动开发论坛的翻译组重操宝刀，利用业余时间和相关方面的经验，将一些好的 Qt 英文资料翻译成中文，旨在为广大嵌入式移动开发者尽一点绵薄之力。

关于 DevDiv 翻译组

请登录DevDiv移动开发论坛，了解相关情况。

技术支持

首先 DevDiv 翻译组对您能够阅读本系列文档以及关注 DevDiv 表示由衷的感谢。Qt for Symbian 开发是一个比较新的技术，在您学习和开发的过程中，一定会遇到一些问题。DevDiv 移动开发论坛集结了国内一流的嵌入式移动开发专家，我们很乐意与您一起探讨 Qt 及相关问题。如果您有什么问题和技术需要解答或支持，请登录我们的网站 www.devdiv.com 或者发送邮件到 webmaster@DevDiv.com，我们将尽快回复您。

关于本书的译者

感谢王海程、温富健、刘青、李大宝、漆在成、张国华、周智勋、陈啸天对本书的翻译，同时非常感谢吴学友在百忙中抽出时间对翻译初稿的认真核校和润色，才使本书与读者尽快见面。由于我们的时间和知识有限，书中难免存在错误之处，恳请广大读者批评指正，并可发送邮件至 webmaster@DevDiv.com，在此我们表示衷心的感谢。

本书贡献者

Frank H.P. Fitzek
Aalborg University
Niels Jernes Vej 12
DK-9220 Aalborg
Denmark
ff@es.aau.dk

Tony Torp
TAMK University of Applied Sciences
Teiskontie 33
FI-33520 Tampere
Finland
tony.torp@tamk.fi

Tommi Mikkonen
Tampere University of Technology
Korkeakoulunkatu 1
FI-33720 Tampere
Finland
tjm@cs.tut.fi

Morten V. Pedersen
Aalborg University
Mobile Device Group
Niels Jernes Vej 12
DK-9220 Aalborg
Denmark
mvp@es.aau.dk

Janus Heide
Aalborg University
Mobile Device Group
Niels Jernes Vej 12
DK-9220 Aalborg

Denmark
jah@es.aau.dk

Andreas Jakl
Upper Austria University of Applied
Sciences,Campus Hagenberg
Softwarepark 11
4232 Hagenberg
Austria
andreas.jakl@fh-
hagenberg.at

Angelo Perkusich
Electrical Engineering Department
Electrical Engineering and Informatics
Center
Federal University of Campina Grande
CP 10105
58109-970 Campina Grande, PB
Brazil
perkusic@dee.ufcg.edu.br

Kyller Costa Gorgônio
Signove Technology
58400-565 Campina Grande, PB
Brazil
kyller.gorgonio@signove.com

Hyggo Oliveira de Almeida
Computer Science Department
Electrical Engineering and Informatics
Center
Federal University of Campina Grande

CP 10105
58109-970 Campina Grande, PB
Brazil
hyggo@dsc.ufcg.edu.br

Hassan Charaf
Budapest University of Technology and
Economics
Magyar Tudósok körútja 2.
1117 Budapest
Hungary
hassan@aut.bme.hu

Bertalan Forstner
Budapest University of Technology and
Economics
Applied Mobile Research Group
Magyar Tudósok körútja 2.
1117 Budapest
Hungary
bertalan.forstner@aut.bme.hu

András Berke
Budapest University of Technology and
Economics
Applied Mobile Research Group
Magyar Tudósok körútja 2.
1117 Budapest
Hungary
andras.berke@aut.bme.hu

Imre Kelényi
Budapest University of Technology and
Economics
Applied Mobile Research Group
Magyar Tudósok körútja 2.
1117 Budapest
Hungary
Imre.Kelenyi@aut.bme.h

前　　言

　　世界上有许多编程语言和开发工具。有些编程语言是为嵌入式设备设计的，其他的用于简化开发。每一种开发语言都有它独特的语法和不同的工具，并且适用于不同的目的。这存在很长一段时间的尴尬，特别是在移动领域。从移动终端到台式机，公司有自己的开发工具、程序范例和选择的编程语言，并且相同的代码在不同的地方很少被复用。从这个世纪以来，诺基亚有 3 个软件平台：S60（Symbian）、S40（专属自己的）和 Maemo（Linux）。这 3 个平台都有自己的一套软件组件和应用。无论是什么应用，如计算器或者浏览器，诺基亚至少有 3 种不同的解决方案。每一个这样的应用都需要有它自己的本地化、工具和测试团队。因此，这就说明了总体开发模型需要付出非常昂贵的代价。如何才能减少代价？提供什么样的软件投资才能获得更好的回报？开源如何被有效地利用？最后一个问题的答案非常简单，但是很难实现。首先，在各软件平台之间，创建一个可以共享代码或者应用程序的环境或系统，这样就不用任何事情从零开始实现，而只需要利用开源。计划的实现也非常简单：移植标准 C 程序库到 S60 中；其次，为 S60 和 Maemo 提供一个通用的应用程序开发框架；最后，在移动领域提供一个标准的和通用的方法来访问平台级的服务。关于 Open C 的工作始于 2005 年上半年。大多数开源的中间件解决方案是基于 C 程序库标准之上的，比如以前很好的 POSIX 和其他关键的 C 库。同时，我们移植了 5000 个 C 函数供 S60 调用，这些移植函数的商业性名称是 S60 Open C，并把这些移植函数的关键库如 libm、libc 和 libpthreads 交付给 Symbian 公司。这些被称为 PIPS（Symbian 上的可移植性操作系统接口）。下一步是为应用程序的 UI 开发寻找一个好的解决方案，它的出发点是非常复杂的。诺基亚的 Maemo 是基于 GTK+平台的，而 S60

是基于 Symbian AVKON 的，S40 则属于诺基亚自己的 UI 库。在 2007 年，诺基亚公司集全部精力用于解决正确的前进方向。最终的结果是诺基亚选择 Qt 作为下一个应用程序开发框架。Qt 具有一致性、稳定性、鲁棒性、高质量的 APIs，并拥有世界级的文档，但最重要的是开发者对 Qt 的热爱。正如一名软件工程师所说："Qt 编程的回归，带给了我快乐！"Qt 的创建方式，整洁的 APIs 和架构，以及天才的加入为此创造了一个好的起点。Qt 是一门很强大的技术，它提供了很好的执行性能，产品被开发者所喜爱，具有开源开发模型这种混合网络与本地技术的方式。因此，在 2008 年 1 月，诺基亚为 Trolltech ASA 公司提出了一个收购价。公告陈述了 Qt 和 Open C 首次作为诺基亚软件战略的一部分：

诺基亚收购 Trolltech 可以加快移动设备和桌面应用跨平台战略，并开发其网络服务行业。与 Trolltech 一起，通过诺基亚在 PCs 上的组合，诺基亚和第三方开发者将可以在互联网上开发应用。诺基亚终端上的软件策略基于跨平台开发环境，软件层可以跨操作系统运行，即开发的应用程序可以在诺基亚的设备范围内运行。例如，当前跨平台层的有 Web runtime、Flash、Java 和 Open C。

2008 年我们非常的繁忙。与 Trolltech 一起，我们在诺基亚开始 R&D 集成工程，一起解决了缺失的部分，例如，多点触屏的支持和访问移动平台级服务的通用方法（如承载管理）。如今这些被称为 Mobility API。这本书是讲述关于如何在 Symbian 上开发 Qt 应用程序的。然而，我们还是想鼓励开发者开发可以在不同的平台间使用的程序。Qt 是跨平台的开发框架，相同的代码可以在 Linux、Mac 和 Windows 托管机器上使用，现在同样可以在 Symbian 上使用。为什么不充分利用 Qt 的优点呢？只需要从网站上下载最新的 Qt Creator，并跟随这本书开始你的旅程！

Mika Rytkönen

mika.rytkonen@nokia.com

Helsinki, December, 2009

序　言

好的软件的功能就是让复杂的事情看起来很简单。

Grady Booch

本书的目的

作者编著此书的主要原因是在未来几年，Qt 将成为 Symbian 平台开发最重要的手段之一。Qt for Symbian 可以让开发者快速有效地创建富有魅力的手机应用软件。数十年来，Qt 已经向应用程序开发人员证明了它的优势，而 Symbian 对大量 API 接口的开放性使它成为最灵活的手机平台。除此之外，Qt 的跨平台能力可把手机应用程序移植到各种不同的手机上。本书的重点是 Symbian 设备，但是书中提到的部分代码也适用于诺基亚的 Maemo 平台或 Windows 移动设备（Qt目前由诺基亚官方支持 Embedded Linux、Mac OS X、Windows、Linux/X11、Windows CE/Mobile、Symbian、MeeGo——译者注）。

本书的适用范围

本书既不能作为 Qt 研发手册，也不能作为 Symbian 开发指南。本书主要是向读者解释如何在 Symbian 上快速有效地创建 Qt 应用程序。读者可以通过本书来了解如何安装及使用开发环境。此外，本书还详细解释了如何在 Qt 开发中使用 Symbian 平台所支持的 Qt API 和用 Symbian 本地接口扩展 Qt 应用的程序。本书的每一章也为读者提供了相应的参考资料，例如网页或书籍。

本书的目标人群

本书对移动设备开发领域的初学者和专业人员都有帮助。本书可以用于自学，也可以作为手机开发基础课程的教材。本书共 7 章，如图 1 所示，我们把读者分成 3 个群体，即初学者、Symbian 开发者（但不熟悉 Qt）、Qt 开发者（但不熟悉 Symbian）。初学者应该逐章阅读本书，而 Symbian 和 Qt 开发者则可以分别跳过第 2 章或第 3 章，甚至跳过第 1 章的简介。对于想将用此书作为教材的教师而言，我们将提供附带教学幻灯片、练习题和范例程序的补充网页。

http://mobiledevices.kom.aau.dk/publications/qt_for_symbian/

	初学者	Symbian 开发者	Qt 开发者
简介和本书目的	●	●	●
开发入门	●		●
Qt 概述	●	●	
Qt Mobility APIs	●	●	●
类 Qt 移动扩展	●	●	●
Qt 应用程序和 Symbian 本地扩展	●	●	●
Qt for Symbian 范例	●	●	●

图 1　移动开发初学者、Symbian 或 Qt 开发者应该阅读的章节（以圆点标注）

注意

本书中的部分代码取材于写书时已有的文档，由于一些内容相对较新，有些代码还没有在实际应用程序中进行充分测试。读者可以参考最新的网络文献来获取准确信息。

Frank H.P. Fitzek, Tony Torp and Tommi Mikkonen

December, 2009

X

缩　　写

3G　第三代移动通信

API　应用程序接口

ASCII　美国信息交换标准码

DOM　文档对象模型

DLL　动态链接库

FM　调频

FP　功能包

FTP　文件传送协议

GB　千兆字节

GPL　通用公共许可证

GPS　全球卫星定位系统

GUI　图形用户界面

HTTP　超文本传输协议

IDE　集成开发环境

IM　即时通信

IP　互联网协议

IRDA　红外数据通信

JRE　Java 运行环境

LGPL　GNU 公众许可证

MHz　兆赫兹

MMS　多媒体短信服务

MOAP　移动应用程序开发平台

OEM　原始设备制造商

OS　操作系统

PC　个人计算机

RAM　随机存储器

ROM　只读存储器

S60　60 系列（Symbian 平台）

SAX　XML 简易 API

SDK　软件开发工具包

SIM　用户身份识别卡

SMS　短信息服务

SQL　结构化查询语言

STL　标准模板库

SVG　可缩放矢量图形

TCP　传输控制协议

UDP　用户数据报协议

UI　用户界面

UIQ　水晶用户界面（User Interface Quartz）

URL　统一资源定位符

USB　通用串行总线

W3C　万维网联盟

WLAN　无线局域网

XHTML　可扩展超文本标记语言

XML　可扩展性标记语言

目　　录

第1章 简介和本书目的

Frank H.P. Fitzek, Tony Torp and Tommi Mikkonen

本章简单介绍了 Qt 与 Symbian 平台的结合和为什么会有这种结合，强调了移动开发人员在移动通信环境中的重要性以及他们选择 Qt for Symbian 的原因。本章也阐述了为何 Qt for Symbian 对于从初学者到专家各阶段的手机开发者来说都是一种有趣的解决方案，他们在使用 Symbian 平台全部功能的同时还能体验 Qt 的简单编程风格和跨平台能力。

1.1 移动开发人员的重要性

20 世纪 90 年代末，随着手机变得越来越普及而出现了一个问题：继移动语音服务之后还会出现什么类型的服务？那时，只有一小部分手机支持编程，因此，只能靠网络和服务运营商来设计以后的杀手级应用，这也产生了这样一个误区：单个应用程序可以像移动语音服务一样引起广泛关注。过了一段时间，我们才认识到单个应用是不够的，而是需要大量不同的应用，例如，游戏、实用工具、健康医疗服务等，才能切实可行地吸引更多的用户。而且，在手机生产商之间也存在一种共识，即新颖且有吸引力的服务不仅可由那些与手机生产商合作的网络和服务运营商提供，更多的服务还可由手机用户自己创造。或者说，虽然不是所有的手机用户都会编程，但至少有相当一部分人会自己开发程序。我们将这部分人称为手机开发人员。

手机生产商之所以特别希望增加开发者的数量，是因为不同的生产商生产的移动设备的差别更多体现在设计、用户交互以及用户友好性和其他手机服务上，而不在于纯粹的技术。因此，手机生产商会设计并提供一套手机上必需的基本应用程序，而附加的服务则由手机开发人员提供。为了使用户愿意在自己的手机上安装新的应用程序，手机生产商就必须提供新的途径来宣传和推广这些附加的手机应用程序，如诺基亚的 Ovi、苹果公司的 Apple Store，以及最近 RIM、Samsung 和 Google 的类似计划。这样的手机软件商店，对手机用户安装他们所需的程序和保证手机开发人员的利润来说都很重要。

手机开发人员可以使用多种编程语言和手机平台。但问题是怎样给手机开发人员提供一个容易掌握的（易学）、能灵活使用手机全部功能的（灵活）并且生成的代码可以在平台中有效运行（有效）的编程环境。现在开发人员不得不在易学性、灵活性和有效性（能提供什么平台）之间进行取舍。在开发人员看来，当他们将目标定位于大众市场时，就会存在一个深层次的问题：如果你想拥有大量用户，支持的手机数量就要非常多。在不考虑编程环境的条件下，手机应用程序仍需要为不同型号或者类型的手机进行裁剪定制，甚至对于声称一次编码到处运行的 Java 也是如此。目前，Java 程序需要在每个手机上进行测试，以确保它们能够运行。这样做太浪费时间，所以，编程人员希望有一个跨平台的解决方案可以减少浪费在不同平台上的测试时间。如图 1.1 所示，我们期望的这个开发环境应该是灵活、易学、高效而且是跨平台的。

从手机开发人员的角度来看，可编程手机意味着他们有机会提供自己需要的或是大众市场会购买的手机服务。最早的移动应用程序是基于 Java 的游戏领域。因此，它们受移动 Java 早期版本的制约，实质上只是提供一个应用程序可以运行但是接口非常有限的沙盒（Sand-box）。由于这些既定的限制，因此，并非手机的所有功能都可以使用。例如，由于安全原因，用户的个人数据无法在

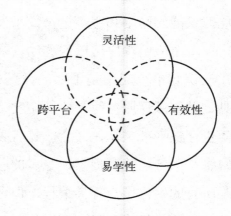

图 1.1　开发人员所需的开发平台

早期的移动 Java 代码中访问，因此，最初的移动应用程序是可以简单地在沙盒（Sand-box）中运行的独立可执行应用程序，如不需要与手机其他功能互连的游戏

和工具（例如日历、通讯录等）。

随着引入 Symbian 平台以及它的编程语言 Symbian C++，开发人员获得了很大程度的自由，因为他们可以使用手机上更多的功能了。允许编写的手机应用程序如使用红外线或蓝牙之类的近距离通信技术在手机设备间交换数据，或是使用手机的内置设备。例如，最早的一个应用是约会应用程序，如果找到一个用户的资料符合要求就给出提示。另外，也可以使用移动通信网络进行 IP 网络连接。除了这些，Symbian 也有使用本地代码的技术优势。因此，那个时候利用 Symbian C++来创建应用程序会比运用其他的方案消耗资源更少且运行更快。

但是和其他的编程语言及操作系统相比，Symbian C++也有一个较大的缺陷。作为 C++的衍生语言，它有自己特有的规范和相当复杂的应用程序框架，所以，它很难被大量手机开发人员掌握。由于学习 Symbian C++非常困难，相对于 Java 开发者的数量而言，真正从事 Symbian C++开发的人非常少，尽管业界也曾通过不同的方式帮助开发人员使用 Symbian 平台。

为了使更多的开发人员使用 Symbian 平台，诺基亚引入了 Python for S60（S60 只是 Symbian 平台的一个子集）。Python for S60 是开源的，可以在下面的网址找到：http://opensource.nokia.com/projects/pythonfors60/。它借助 Python 编程语言扩充了 S60 平台，开发人员可以用它进行快速应用开发和原型设计，还可以编写独立运行的 S60 应用程序。Python 脚本语言简单易学，即使从未接触过编程的人也可以编写脚本、实现自己的创意。只是现在新买的手机设备上没有内置的 Python 解释器，只能买来后再安装，也就是用户需要做一些额外的安装工作才能使用 Python。这会让一些只想快速试用程序而不想安装额外东西的用户放弃使用 Python 来编写软件。感兴趣的读者可以参考 Scheible、Tuulos（2007）和 Scheible（2010）来获得 Python for S60 的更多信息。

另外一个帮助开发人员的工具是诺基亚的 Open C/C++（2010）。Open C/C++提供大量的标准 C 和 C++ API。它们的作用是帮助开发人员将桌面应用程序移植到 Symbian 设备，而且也有助于开发基于已有组件的应用引擎和中间件。一般来讲，Open C/C++可以实现现有软件和开源组件的重用。与脚本语言相比，Open C/C++使用真正的 C 或 C++代码，可以直接调用电话相关的库，并使用电话的相关功能。这种方法解决了一些与 Symbian 开发相关的问题，但是仍然不能解决用户界面编程方面的问题。

把 Symbian 平台介绍给所有手机开发人员的最新方法是 Qt for Symbian，它恰好提供了上面提到的 4 个基本特征，即它是一种易学、灵活、高效的跨平台应用程序开发环境。这个平台面向更多不同背景的开发人员。Qt 与 Symbian 合作的原因是 Qt 作为跨平台应用程序框架，允许应用程序只需被编写一次，就可以在多种操作系统中使用而不需要重写源代码；而且，底层 Symbian 平台在提供手机所有功能方面也保证了最强的灵活性。Qt 是基于 C++开发的，并且 Qt API 在设计时已经充分考虑到了跨平台的支持，所以这套 API 被普遍认为是易学易用的。Qt API 比 Symbian API 更加"高级"，从开发人员的角度来说，Symbian 的复杂性都被 Qt 提供的接口所隐藏，这意味着开发变得更简单，开发人员也可以更快地取得成效。因此，作者认为本书提出了一个及时的方案，以下章节将帮助开发人员在 Symbian 平台上开始使用 Qt。

本章的余下部分会对 Symbian 和 Qt，尤其是它们的原理做一个简短的介绍。我们没有对每个部分都进行完整的介绍，目的只是让读者对这两种技术有一个大致的了解。若读者想进一步学习这两种技术，可参考在本章最后提供的其他相关文章的链接。

1.2　Symbian 操作系统

Symbian 操作系统是一个广泛应用在不同手机中的高级移动开发平台。Symbian 的诞生伴随着 C++、微内核以及面向对象设计的广泛使用，厂商用它已经开发出了大量的移动设备，并且它已成为使用最广泛的智能手机平台。Symbian 操作平台的起源可以追溯到 20 世纪 90 年代的 Psion 移动终端。Psion 终端代表了当时的技术水平，它的性能和能力以今天的标准看来很一般，但它使用的 Symbian 操作系统却能支持现代手机的新功能，这是原设计者的一大贡献。从 Psion 终端的操作系统发展到 Symbian 平台——如今最卓越的 Symbian 开发环境，从最开始的 Psion 到新成立的 Symbian 基金会，这条道路经历了无数个阶段。

Symbian 操作系统是以 Psion PLC 公司的设计为基础的，包括开始以 C 语言编写的 SIBO（或称为 EPOC16）以及后来的 EPOC32，这个 EPOC32 后来又改名为 Symbian。这家公司也开发了相关的软件开发工具包来进行第三方应用程序的开发，当后来的开发方向转变为如今的智能手机平台时，这些工具包显得尤为重要。

成立于 1998 年并从那时开始开发智能手机平台的 Symbian 公司，正是今天我们所熟知的 Symbian 操作系统的发源地。它起初由众多主流移动设备公司共同拥有，如爱立信、松下、摩托罗拉、诺基亚和 Psion，他们的目标是凭借大量来自 Psion PLC 的知识产权将 Symbian 操作系统授权给先进的 2.5G 和 3G 手机生产商。这样的发展模式使 Symbian 公司主要集中于核心操作系统和总体框架的研发，而获得授权的手机生产商开发出了不同的衍生设备，包括最初一些使用 Symbian 平台的手机类设备，以及使用触摸屏的 UIQ 通信器。

手机行业的一些知名企业，包括诺基亚、索尼爱立信、摩托罗拉和 NTT DOCOMO 等，在 2008 年 6 月 24 日宣布创立 Symbian 基金会。基金会的目标是创建世界上最成熟、开放和完善的移动软件平台。在技术方面，它的目标是为一系列手机设备把 Symbian 操作系统、UIQ 和 MOAP（S）统一到一个开源平台上。

1.2.1　Symbian 技术

Symbian 操作系统的设计方案恰恰反映了上面的这些历史由来。总的来说，这是一个为内存小、资源有限的系统而设计的操作系统，并沿用了来自于 20 世纪 90 年代的先进设计。其最典型的设计方案如下：

Symbian 操作系统以微内核架构为基础。微内核这个概念通常是指，在设计中所有访问底层硬件的资源管理器都在不同的进程中运行，而操作系统内核仅仅只担负最小的调度和中断处理。而且，微内核通常有一个消息通信机制，可以让资源管理器使用微内核提供的设施来进行通信。在 Symbian 操作系统的设计中，微内核的引进已经成为它的一个主要目标。

通过微内核的使用衍生出一类特殊软件组件，它的目的是管理不同类型的资源。通常在微内核设计中，这些资源管理器也被称为服务器。系统的每一个资源都能被封装到一个负责管理资源的服务器中。当要使用资源时，客户端先联系服务器，然后与服务器建立一个会话。会话建立后，客户端就可以使用服务器提供的资源和服务了。在整套的设计中，也包含了错误管理。如果一个服务器（进程）被关闭，系统就会发送错误信息给客户端；如果客户端（进程）关闭，服务器也应该释放所分配的资源。

Symbian 操作系统以面向对象为基础而设计。它运用大量不同的框架来完成不同的任务，包括将会在下文中讨论的应用程序开发（应用程序框架）和通用事件处理（活动对象）。通用事件处理也和资源管理有关，当服务器（也就是资源管理器）用消息与客户通信时，接收消息就产生了一个事件。由于绝大部分 Symbian 操作系统是用 C++来开发的，而 C++语言在起初开发时还不完善，因此，不得不引进许多特有的规范来应对一些特殊情况。随着时代的发展，现在市面上改进后的 C++系统基本上让这些规范变得没有意义，但从系统的基础代码中除掉它们也是很困难的。

1.2.2　Symbian —— 先进智能手机平台的发展历程

正如那些长期存在的操作系统一样，要支持新硬件，就需要对 Symbian 操作系统的许多部分进行重新设计和考虑。由于 Symbian 操作系统主要用于智能手机，那么自然手机上的新硬件和改进也就成为了 Symbian 操作系统更新换代的动力。Symbian 操作系统的重大更新至少包括以下这些内容。

硬件设备已经发生了根本性的变动。原来的 Psion 设备主要依靠内存盘（RAM Disks），速度快但在写入时要进行额外的备份操作。而手机则常用闪存来作为存储盘。由于闪存的物理特性，不论何时都要写入一个新文件。

不同移动设备的内存大小正在以惊人的速度增长。实际上，几百兆字节的可用存储器和千兆字节的存储盘都不少见。21 世纪早期，当第一款 Symbian 手机面世，它就是当时技术水平显著提升的一种表现。这是自从 2000 年初第一款使用 Symbian 操作系统的手机发布以来技术方面的最大改进。现在对程序员来说，已经无须像早期 Symbian 操作系统的手机那样考虑那么多存储器问题了。但是对于设备生产商来说，这些问题仍然需要考虑。

在内存增加的同时，处理能力也相应提高了。除了时钟频率的增加，还有越来越多具备处理能力的外围设备。通常，Symbian 基于微内核的架构能很好地适应这些变化，但是不同的扩展显然需要一些技术工作来把它们整合到完整的 Symbian 操作系统中。

现在手机上可附加的子系统数量越来越多。同时，每个子系统也越来越复杂。因此，它们的累积效应连同对它们的支持使得 Symbian 操作系统的复杂性越来越高。比如，Symbian 操作系统与底层硬件资源之间的适配层本来只是几个服务器，现在已成长为一个复杂的架构，它使用插件的方式来适应不同硬件配件的差异性。

平台安全性的引入使得 Symbian 操作系统不得不进行重新设计。因此，这也是 Symbian 操作系统发展过程中的一个重要分裂阶段。对于一个应用程序开发人员来说，这也严重违背了不同设备之间的兼容性，更不用说二进制的兼容性。

Symbian 操作系统在经历了如此变动后仍然能屹立不倒，要归功于它最初的操作系统的内核设计。特别是微内核架构已经被证明是适用于复杂程序的一个灵活的平台，在服务器中嵌入资源的方式也使得管理日益增加的手机相关新资源成为可能。但不利的一面是，更新换代后的平台让普通开发人员看来过于复杂，尤其是它的文档。

1.2.3　Symbian —— 对于业余应用开发者

在 Symbian 操作系统各方面不断发展的同时，Symbian 操作系统对业余开发者来说还是很有挑战的。这些挑战与两个特定的平台设计有关：一是 Symbian 应用程序架构，它是图形用户界面（GUI）应用程序的基础；二是平台特有的一些接口，在应用程序开发者看来是多余且复杂的。只是偶尔写写 Symbian 操作系统的应用程序的话，这都会让人觉得非常沮丧。除了前面提到的 Python 和 Open C/C++，Qt for Symbian 也是一种有趣的解决方案。Qt 是一种广泛用于 GUI 程序开发的跨平台应用程序开发框架，虽然它通常跟 GUI 编程相关，但是这个系统还包含了很多其他的组件，例如线程和操作子系统的接口，如 SQL 数据库以及 XML 解析器等。Qt 的内部是以 C++为基础的，但是它包括了几个非标准扩展，这由一个预处理器实现，并最终生成标准 C++代码。Qt 可以在所有主要平台中运行并支持国际化。

1.3 Qt

Qt（读作 cute）是被起初称为 Trolltech（成立于 1994 年）的 Qt 软件公司的产品，它的创建最初基于创建一个面向对象演示系统的想法，最早的原型于 1993 年发布，Trolltech 公司于一年之后在挪威成立。1995 年 5 月 20 号，该公司发布了第一个公开版本，名字为 Qt 0.9。Qt 这个名字的来源是：Q 在 Harvard Emacs 编辑器里非常漂亮，而 t 则是来自于 Xt 科技公司，详见参考文献 Yrvin（2010）。在过去的几年中，Qt 已经被很多用户使用，如谷歌、Skype、沃尔沃等。

1.3.1 一种跨平台的开发环境

Qt 背后的主要思想是尽可能做到用 C++或 Java 编写一次，即可部署到不同的桌面和嵌入式平台里，而完全无需修改代码（见图 1.2）。在开发人员看来，所有支持 Qt 的平台都提供同样的 API，这使得开发人员只需要使用公共 API 而无需使用设备特有的接口。而且 Qt 在不同的计算机系统上都有相同的开发工具链并提供相似的开发体验，比起以往针对不同环境有不同的工具链的方式来说也提高了开发效率。

除了相同的 API，使用 Qt 编写的应用程序看起来就跟所在平台的本地程序一样，以保证用户友好性 —— 这称为可适应的外观和感觉（Adaptive Look and Feel）。图 1.3 所示的在不同平台上 Qt 按钮的外观。与同样可以在不同平台上运行的 Java SWING 模块相比，它的用户界面始终是相同的，这避免了让那些习惯以应用程序固有方式进行操作的用户的不满。Qt 与一个直观的类库和集成开发工具一起为 C++和 Java 开发提供支持。除了 API 接口与跨平台支持，在有些情况下更重要的是引入支持 Qt 开发的工具，如 Qt Designer 和 Qt Linguist。

1.3.2 Qt 在移动开发领域的应用

起初，Qt 仅被定位于 Windows、Mac OS（从 Qt 3.0 开始）和 Linux 操作系统。但是，由于 Qt 的实用性很强以至于在 2000 年就被迅速应用于嵌入式系统中。Trolltech 公司在 2006 年发布了 Greenphone，一部以 Linux 为基础的全功能手机（见图 1.4a）。那个时候，Greenphone 已经使用触摸屏且有多种无线通信接口。图 1.4b 所示为 Greenphone 的用户界面。

图 1.2　Qt 开发流程：一次编程，使用于多个平台　　图 1.3　Qt 按钮在不同平台下的外观

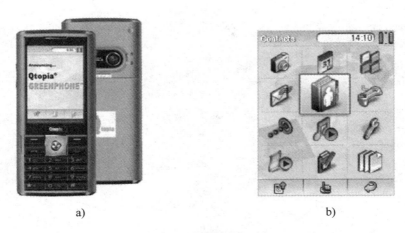

a)　　　　　　　　　　　　　　　　　　b)

图 1.4　最早的 Qt 手机

a) Greenphone　b) Greenphone 的用户界面

　　2008 年，诺基亚公司收购了 Trolltech，并开始把 Qt 引入 Symbian 和 Linux 平台。结合自己的技术，诺基亚获得了一个庞大而敏捷的开发社区的支持。由于这是互惠互利的，Qt 编程者现在也可以进入手机业，为成千上万的新目标设备做开发。除了现有的编程语言 Java、Symbian C++、Python 或 Flash 之外，Qt 和它用于移动设备上的工具链将会减少很多开发移动应用程序的阻碍。

　　Qt 已经发展到桌面系统和移动领域。在移动领域，Linux 设备已经支持 Qt，而且诺基亚已经把 Qt 移植到了 Symbian 平台。为了使 Qt 能够使用移动设备的所有功能，比如那些在桌面系统没有的功能，需要引入新的 Symbian API。

这些 API 负责使用定位信息、SMS 和 MMS 之类的移动消息、摄像头、内置传感器等功能。当然，也可以在不使用新 API 的情况下，为 Symbian 平台编写移动应用程序。但是，很显然这些 API 可以创建一个基于位置服务、移动社交网络等功能的真正的手机应用程序。

图 1.5 表明了 Qt 软件在不同平台的适用范围。只要使用纯 Qt，代码应该可以在任何平台上运行，包括台式机和笔记本电脑、诺基亚系统和第三方移动设备。另一方面，Symbian API 目前只能在 Symbian 平台上使用，也许将来会延伸到诺基亚系统的其他平台。这与嵌入式 Qt 相似，与手机相关的操作，例如访问日历和通讯录，或使用短距离蓝牙通信等都受所嵌入的开发环境的限制。

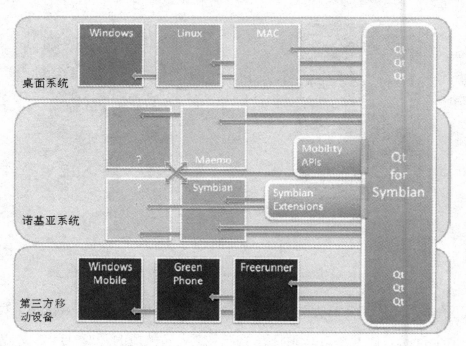

图 1.5　Qt 软件在不同平台上的适用范围

1.3.3　Qt 许可协议

对于移动开发人员来说，许可协议是最重要的问题。Qt 提供不同模式的许可。从一开始 Qt 就有商业版本和 GPL 版本的许可，而 LGPL 是最近才有的。LGPL 允许开发人员在不需要公开源代码的情况下靠他们的应用程序赚钱。Qt 有如下许可协议。

- Qt 商业版本：这个版本适用于私有软件或商业软件的研发。它适用于不想跟其他人共享源代码的开发者，从而避免依照 GNU 通用公共许可证 2.1 版本或 GNU GPLv 3.0 版本的相关条款而公开源码。

- Qt GNU LGPL v2.1 版本：Qt 的这个版本适用于私有或开源的 Qt 应用程序，开发者需要遵守 GNU LGPLv 2.1 版本的相关协议和条款。

- Qt GNU GPL v3.0 版本：Qt 的这个版本适用于 Qt 应用程序的开发。开发人员希望把这个应用程序和符合 GNU GPLv 3.0 版本相关条款的软件一起使用，或者遵守 GNU GPLv 3.0 版本的相关条款。

表 1.1 对不同 Qt 的许可证版本进行了说明。

表 1.1　不同 Qt 许可证版本的说明

	商 业 版 本	LGPL 版本	GPL 版本
许可证费用	免费	免费	免费
是否需要向 Qt 提供更改后的源代码	不需要，可不公开	必须提供源代码	必须提供源代码
能否编写私有应用程序	能，不必公开源码	能，需要遵守 LGPL v2.1 的条款	不能，应用程序必须遵照 GPL，源码必须公开
是否提供更新	对有效维护的产品提供更新	支持，免费发布	支持，免费发布
是否提供支持	是，免费发布	不包括但可以单独购买	不包括但可以单独购买
运行时是否需要付费	需要	不需要	不需要

参考文献

Nokia F 2010 Open C and C++. http://www.forum.nokia.com/Resources_and_Information/Explore/Runtime_Platforms/Open_C_and_C++/.

Scheible J 2010 Python for S60 tutorials. http://www.mobilenin.com/pys60/menu.htm.

Scheible J and Tuulos V 2007 Mobile Python: Rapid prototyping of applications on the mobile platform. John Wiley & Sons,Inc.

Yrvin K 2010 Qt introduction. Oral Presentation Material.

第 2 章 开 发 入 门

Morten V. Pedersen, Janus Heide, Frank H.P. Fitzek and Tony Torp

本章概述了 Symbian 平台上用于 Qt 开发的工具。本章的第一部分将作为一个入口点，为初次接触 Symbian 平台的开发者逐步介绍开发所需工具及其安装指南。接下来的部分将介绍如何在模拟器及手机上用 Qt for Symbian 编写并运行"Hello World"应用程序。如果你的 Symbian 开发环境已经装好，并且你已熟悉这些工具及应用程序的生成过程，则可以转到 2.1.7 节（专门介绍安装 Qt for Symbian SDK），但在此之前，建议你浏览一下本章的第一部分，因为某些版本的 SDK 需要安装补丁等类似操作。注意，本章中某些较长的下载链接已经用 URL 缩短服务缩短了。如果缩短的链接不起作用，本章末尾有一张表，列出了所有短链接及其对应的原始链接。

2.1 安装开发环境

图 2.1 展示了组成一个典型的 Qt for Symbian 开发环境的各个组件。

从图 2.1 中可以看出，目前唯一支持的开发环境是 Windows，这里推荐用户使用 Windows XP 或 Windows Vista。之所以存在这些限制条件，是因为 Symbian 平台 SDK 内的一些工具只能运行于 Windows 平台（现在已支持 Ubuntu Linux 和 Apple Mac OS X 系统——译者注）。尽管如此，目前我们一直在努力增加对其他开发主机环境的支持，如 Linux 或 Mac，因此，在 Symbian 平台 SDK 的后续版本中，这些要求或限制也许就不存在了。除了当前对 Windows 的需求，推荐使用配置较好的 PC 进行开发，如 1800MHz 的处理器，2GB 内存及足够的磁盘空间来存储工具、IDE 及 SDK 等。安装过程中，需要下载大约 1GB 大小的工具。所有工具安装后约占 2.3GB 的空间。根据所安装的组件的不同，安装过程可能持续较长时间。

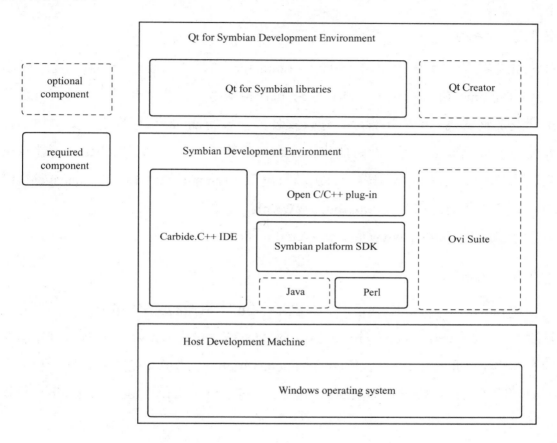

图 2.1　组成 Qt for Symbian 开发环境的工具概览

假设我们已经拥有一个可用的 Windows 开发主机，那么需要安装及设置的第一个工具就是一个可行的 Symbian 开发环境。然后我们可以把它扩展成也支持 Qt for Symbian 开发的环境。接下来将介绍各个组件的安装方法（现在可以直接安装诺基亚 Qt SDK 而无须安装 Symbian 开发环境——译者注）。

2.1.1　Ovi 套件

如图 2.1 所示，Ovi 套件是可选组件，但还是推荐安装它，以便将应用程序传输及安装到手机上。如果你已经安装了诺基亚 PC 套件，则可以跳过 Ovi 套件的安装，因为 PC 套件提供了相似的功能。安装 Ovi 套件后，你就可以通过蓝牙或 USB 连接线将 Symbian 设备和开发主机相连接了。

下载链接：http://www.nokiausa.com/exploreservices/ovi/ovisuite

2.1.2　Java

如果要使用手机模拟器（Phone Emulator），就要安装一个 Java 运行环境（Java Runtime Environment，JRE）。手机模拟器是一个非常有用的工具，可以用来开发及测试我们的应用程序。建议安装最新版的 Java 运行环境。如果你不打算使用手机模拟器，可以跳过此步。注意，安装 5.0 版本以上的 JRE，可能导致当试图打开 Symbian 模拟器的首选项时出现"Cannot start ECMT manager"错误，要解决此问题请参见http://bit.ly/7WCpIf。

下载链接：http://www.java.com/en/download/

2.1.3　Perl

Symbian 平台 SDK 的很多生成脚本（Build Script）都依赖于 Perl。官方支持版本为 ActiveState Perl version 5.6.1 build 635。安装 ActiveState Perl 时要确保勾选了"Add Perl to the PATH environment variable"选项。注意，如果安装了不同版本的 Perl，可能导致 Symbian 生成工具链（Symbian Build Toolchain）不能正常工作。

下载链接：http://bit.ly/4vOXGX

> ➡ **注意：**
> 必须在安装 Symbian SDK 之前安装 ActiveState 包，否则会导致安装失败。

2.1.4　Symbian 平台 SDK

Symbian 平台 SDK 包括了为 Symbian 设备生成应用程序所需的文档、编译器、头文件、库文件以及一些附加的工具。对于不同的 Symbian 平台，有许多不同的 SDK 版本。早期 Symbian 提供了核心的操作系统，然后由不同的厂商扩展了各自的 UI 平台。在这些 UI 平台中，最为人们所熟知的两个平台是主要由诺基亚所使用的 S60 平台以及主要由 Sony Ericsson 和 Motorola 所使用的 UIQ 平台。但是，自从 2008 年 Symbian 基金会（Symbian Foundation）成立后，这些 UI 平台就被整合成一个平台了，这个平台由 Symbian 基金会维护。因为这个更改还很新，所以，目前的开发中我们仍然使用厂商相关的 SDK。表 2.1 列出了目前支持 Qt for Symbian 开发的平台。

表 2.1　目前支持 Qt for Symbian 开发的平台

平　　台	Symbian 操作系统版本	示 例 设 备
S60 3rd Edition Feature Pack 1	v9.2	5700、6120、E63、E71、N82、N95
S60 3rd Edition Feature Pack 2	v9.3	5730、6650、E55、E75、N85、N96
S60 5th Edition	v9.4(Symbian^1)	5800、N97
S60 v5.1（译者注）	v9.5(Symbian^2)	已取消，没有设备支持
S60 v5.2 （译者注）	Symbian^3	N8、C7、E7

从表 2.1 中我们可以看到，第一个 Symbian 基金会 SDK（Symbian^1）其实就是 S60 5th 版 SDK 的一个别名。但是，Symbian 基金会 SDK 的未来版本会替代厂商相关的 SDK。这些 SDK 将会被命名为 Symbian^2、Symbian^3 等。当使用本地 Symbian C++ API 来开发应用程序时，需要根据你的目标设备所使用的 Symbian 版本及 UI 平台的版本来选择相应的 SDK。而对于 Qt for Symbian 则没有这个必要，因为我们使用 Qt 可以在上面提到的所有 SDK 上进行应用程序的开发及部署。如果需要使用目前 Qt 库还未支持的 Symbian 功能，你可以根据相应的目标设备决定所应该使用的 SDK，这些设备规范可以在 Forum Nokia 上找到（http://www.forum.nokia.com/devices/）。注意，3rd Edition Feature Pack 1 之前的平台不支持 Qt for Symbian。

如果你没有合适的设备，那么可以从表 2.1 中任选一个 SDK 作为开发环境。即使没有物理设备，你还是能够在设备模拟器上测试及运行应用程序。如果你想在不同的 S60 平台上开发，也完全可以同时安装不同版本的 SDK。

> ➡ **注意：**
>
> 如果你选择使用 Symbian C++本地代码/扩展，不同平台的 SDK 版本在某

种程度上是向后二进制兼容（Backward Binary Compatible）的。这就意味着，比如，在 3rd Edition SDK 构建的应用程序大多数情况下也可以在 5th Edition 设备上运行。但是，也不排除例外的情况，所以，建议安装多个版本的 SDK，并且在各自的平台上开发与版本对应的应用程序。

安装 Symbian SDK

（本节内容已略显陈旧，最新的开发环境配置信息请参考 Forum Nokia Wiki 页面：http://wiki.forum.nokia.com/index.php/Qt%E5%BC%80%E5%8F%91#Qt.E5. BC.80.E5.8F.91.E7.8E.AF.E5.A2.83——译者注）

为了下载 SDK，你需要一个有效的 Forum Nokia 账号，可以在http://www. forum.nokia.com/Sign_Up.xhtml免费申请。完成注册并登录论坛，就可以下载 SDK 了。

下载链接：http://bit.ly/4qdgTk

如果你要安装 3rd Edition Feature Pack 2 或 5th Edition 的 SDK，单击 Download all-in-one S60 SDKs 按钮就可以下载安装文件。

如果你要安装 3rd Edition Feature Pack 1 SDK，单击 Download S60 SDKs for C++按钮就可以下载安装文件。

下载成功后，可以通过以下 3 个步骤来完成安装：

1. SDK 是以 zip 格式文件发布的，将其解压至一个临时文件夹。

2. 运行 "setup.exe" 文件。

3. 按照安装向导，选择默认选项，如接受许可协议（License Agreement），选择 Typical 典型安装，以及安装 CSL ARM Toolchain。

为 3rd Edition Feature Pack 1 SDK 打补丁（Patching）

为了使 Qt for Symbian 能够正确地用于 3rd Edition Feature Pack 1 SDK，我们需要应用一个额外的补丁（patch）到安装中。

需要将新版的 getexports.exe 文件复制到 epoc32\tools 目录下，如 C:\Symbian\9.2\S60_3rd_FP1\epos32\tools。更新的 getexports.exe 文件可以在这里下载：http://bit.ly/8KMG9K。

Symbian SDK 概述

本节简要介绍了 Symbian SDK，如在哪里可以找到与 Symbian 相关的文档。如果你安装了多个支持 Qt for Symbian 的 SDK 并且使用了建议的默认安装路径，你会发现从 3rd Edition Feature Pack 2 版本开始的 SDK 根目录都是 S60\devices\SDKversion，而老版本的 SDK 是安装在 Symbian\OSversion\ SDKversion 目录下的。而且，部分 SDK 的子文件改变了名字。表 2.2 列出了一些 SDK 中的文件夹以及它们所包含的内容。

表 2.2　SDK 中的文件夹及它们所包含的内容

3rdFP1 Edition	3rdFP2 和 5th Editions	描　　述
Epoc32	Epoc32	包含交叉编译器、模拟器以及系统头文件和库文件
Examples	Examples	非 S60 相关的 Symbian 操作系统代码示例
Series60Doc	Docs	SDK 文档文件，包括 API 描述
Series60Ex	S60CppExamples	代码示例，特别是 S60 平台相关的
Series60Tools	S60tools	开发工具，如 SVG 到 SVG-T 转换器

Epoc32 文件夹内包含模拟器，也包含了在模拟器上测试应用程序时用到的驱动器映射。注意，目标设备的 z 盘是给 ROM 使用的，z 盘包含操作系统文件及标准应用程序。c 盘为运行进程提供内存，也为新的应用程序提供存储空间。构建模拟器时这些驱动器分别对应下列目录：

c: 对应 \epoc32\winscw\c。

z: 对应 \epoc32\release\winscw\variant\z（variant 指构建变量，应该用 udeb（debug）或 urel（release）替换）。

当为模拟器生成应用程序时，生成工具假设我们在构建系统应用程序，因此替换 z 盘的程序。但是，在模拟器里运行应用程序时，创建的文件会被放到 c 盘下。另一个重要的文件夹是 documentation（文档）文件夹，这个文件夹包含许多帮助文件。还可以从 Windows 开始菜单的"S60 Developer Tools"里打开 SDK 文档，在这里可以看到 Symbian 开发者库（Symbian Developer Library），它包含可搜索的指南及 API 文档，如图 2.2 所示。当我们在后面创建第一个 Qt for Symbian 应用程序时，你会看到许多生成的 Symbian 相关文件，Symbian 开发者库会介绍这些文件的用途。你还可以从 Carbide.c++的帮助菜单中打开 Symbian 开发者库。

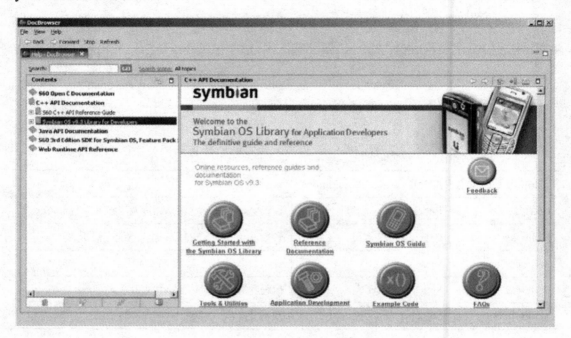

图 2.2　SDK 文档包含了 Symbian API 的基本信息、

Symbian 操作系统架构、开发工具及编程习语

2.1.5　Open C/C++插件

（此节已过时，最新的 Qt SDK 无需安装 Open C/C++插件——译者注）

现在我们已经安装好了 Symbian 平台 SDK，但是当前的 SDK 还不包括 Qt for Symbian 所需要的 Open C/C++ v 1.6 插件。Open C/C++提供了标准 C 及 C++ 库，如对 C++标准库的支持。因此，我们要为已安装好的 Symbian SDK 安装这个插件。

下载链接：http://bit.ly/R1C2q

Open C/C++插件的安装步骤如下：

1．插件包含在一个 zip 文件里，将其解压到临时文件夹。

2．运行解压得到的 setup.exe 文件。

3．安装程序会自动识别已安装的 SDK。选择你要用作 Qt for Symbian 开发的 SDK 并继续，选择默认值即可。

4．Open C/C++也要安装到目标设备上，我们在安装 Qt for Symbian 库时执行此步骤。

> ➠ **注意：**
>
> 建议新用户将所有的软件安装至默认路径，因为某些程序对安装路径有特殊要求。而且，如果使用默认安装路径，就可以在 Internet 上找到更相近的解决方案。

> ➠ **注意：**
>
> Open C/C++插件和 S60/Symbian SDK 的使用都需要在线注册。首次使用 Open C/C++插件必须要注册，但是，对于 SDK，你可以有 14 天的试用期。使用你的 Forum Nokia 账户，通过一个注册向导即可完成免费注册流程。

2.1.6　Carbide.c++ IDE

Symbian 和 Nokia 目前所推荐的 IDE 是基于 Eclipse 的 Carbide.c++（最新的推荐 Qt 开发 IDE 是 Qt Creator——译者注）。Carbide.c++ IDE 支持 Symbian 操作系统和 S60 平台的应用程序的创建、管理和构建。Carbide.c++有 3 个免费版本，如表 2.3 所示。

表 2.3　Carbide.c++的版本

变　量	特　征
开发者版（Developer）	包含开发 S60/Symbian 的应用程序所需的工具以及一些附加特性，如在设备调试（On-device Debugging）
专业版（Pro）	扩展了开发者版本的功能，提供性能分析工具以及在真机上进行系统级和崩溃调试的能力
OEM	在 Pro 版本上增加了制造商使用 Symbian 操作系统制造手机时所需的工具

以上 3 个版本都可用做 Qt for Symbian 开发，并且这 3 个版本都包含在 Carbide.c++安装程序中，这个安装程序可以从 Forum Nokia 下载（在安装过程中

可以选择你想要的版本）。可以按照以下步骤来完成安装过程。

下载连接：http://bit.ly/6Rzaba

1．打开下载页面，单击 Download Carbide.c++按钮。

2．运行所下载的 .exe 文件并选择默认选项，如接受许可证和协议，选择想要安装的 Carbide.c++版本及安装目录等。

3．当前可以从 Forum Nokia 页面下载的最新版 Carbide.c++是 2.0 版本（截止本书翻译之时，Forum Nokia 已提供 Carbide.c++ 2.7 版本下载）。但是，Qt for Symbian 需要 Carbide.c++ 2.0.2 版本，因此需要进行更新，此更新可在 Carbide.c++ IDE 内完成。如果你是第一次启动 Carbide.c++，程序将会提示你选择一个工作空间（Workspace）用来存放新的工程。如果没有特殊的原因，那么选择默认路径就可以。在 Help → Software Update → Find And Install 找到更新选项，当出现更新对话框时，选择 Search for update of the currently installed features 选项并单击 Finish 按钮。当更新管理器找到可用的更新时，程序将会提示选择一个更新镜像，如果你不确定哪个镜像是最快的，那么直接选择 Automatically select mirrors 选项并单击 OK 按钮。选择所有更新并接受许可证和协议后，更新过程就开始了。注意，此过程可能持续 20 分钟以上。

4．Qt for Symbian 需要从命令提示符（Command Prompt）中启用构建工程。在 Windows 开始菜单下找到 Carbide.c++ → Configure environment for WINSCW 命令行，即可完成上述要求。

📩 **注意：**

如果你使用的是代理，则需要配置 Carbide.c++，使其使用代理服务器：

1．从菜单栏中选择 Window → Preferences。

2．打开 General 标签选择 Network Connections。选择 Manual proxy configuration 选项然后输入你的代理设置。

2.1.7　Qt for Symbian

（对于诺基亚手机的开发，建议略过此节，读者可以下载并安装 Nokia Qt

SDK。安装后可使用 Qt Creator 进行开发，也可以使用 Carbide.c++。Nokia Qt SDK 在开始菜单里包含在不同设备上安装 Qt 库文件的链接 —— 译者注）。

截止到编写本书时，Qt for Symbian 的最新版本是——Qt 4.6（截止本书翻译之时 Qt for Symbian 的最新版本为 4.7.1——译者注），此版本包含了 Qt for Symbian 开发的文档、头文件和库文件。本节将引导你完成 Qt for Symbian 的安装。

下载链接：http://qt.nokia.com/downloads

1．从上述 URL 下载 Qt for Symbian 安装包。在下载页面你可以选择不同的许可证，这里我们选择 LGPL 标签，可以看到所有的 LGPL 下载链接。然后选择 Qt libraries 4.6 for Symbian。

2．Qt for Symbian 发布版就是一个.exe 文件。下载此.exe 文件，双击它开始安装。

3．Qt 安装程序会识别出所安装的 Symbian SDK，并让我们选择一个 SDK 版本用于 Qt 开发。这里直接选择所有已安装的 Symbian SDK，单击 Next 按钮。

4．选择 Qt 库的安装路径。注意，我们必须要选择 Symbian SDK 所在的驱动器。还有，如果想使用其他 Qt 版本用于 Windows 应用程序开发，就要更改目标路径，如 C:\Qt\4.6.0-symbian，以便可以安装其他 Qt 版本到相同的文件夹。

在设备上安装 Qt

为了能够在移动设备上运行 Qt 应用程序，我们还要将 Qt for Symbian 库安装到设备上。经过下列步骤可以完成：

1．卸载设备上之前所安装的 Qt 或 Open C/C++库。从设备的应用程序管理器中可以找到卸载选项。

2．进入 Qt 库及工具的安装路径（本例中是 C:\Qt\4.6.0-symbian）。在安装路径下找到名为"qt_installer.sis"的文件——该文件是一个 Symbian 安装包（.sis 文件），包含了手机上所需的 Qt 库。假设你已安装了 Ovi 套件并已通过 USB 或蓝牙连接到移动设备，现在可以双击该文件，Ovi 套件会启动并安装程序。

下一步我们需要设置 Carbide.c++，以便使用 Qt for Symbian。

在 Carbide.c++里配置 Qt 支持

打开 Carbide.c++，选择 Windows → Preferences，选择 Qt。在 Qt 属性里单击 Add 按钮，在 Add new Qt version 对话框下输入 Qt 版本名称，设置 bin 路径以及 include 路径，如图 2.3 所示。

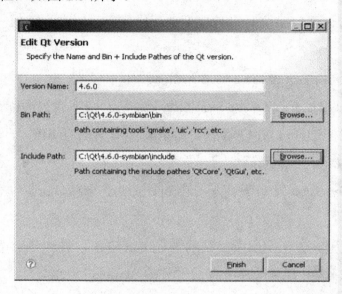

图 2.3　更新 Carbide.c++中的 Qt 属性

现在我们已经可以开始用 Qt for Symbian 构建应用程序了。

2.2　使用带 Qt for Symbian 的 Carbide.c++

本节综述了 Carbide.c++集成开发环境（IDE）。第一次启动 Carbide.c++你会看到 Carbide.c++欢迎界面，欢迎界面包括许多教程及发布说明等的快捷方式。对于 Qt for Symbian，你可以通过选择 Overview → Qt Development 来查看。Qt 开发指南还可以通过选择 Help → Help Contents 来访问。开发及工程管理在工作台（Workbench）窗口，可以通过单击欢迎界面右上角的 Workbench 图标来打开。以后若想再访问欢迎界面，选择 Help → Welcome 即可。如图 2.4 所示，工作台窗口主要包括如下几个部分。

Project Explorer：该部分显示了当前所有工程的文件结构并允许操作文件。

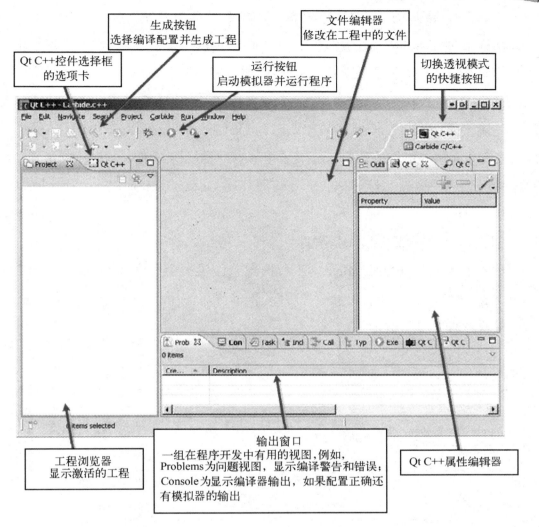

图 2.4　Carbide.c++工作台窗口

Editor：用来查看及编辑源文件。

Output Window：此窗口包含多种不同的视图（Views），例如，问题窗口（Problems View）用来显示工程构建过程中遇到的问题，而控制台窗口用来输出生成过程（编译器、链接器等）中生成的信息。

Toolbar：工具条含有 Build 按钮用来构建当前工程，Debug 按钮用来将程序运行在调试模式，而 Run 按钮用来运行程序以便进行功能测试。

这些视图/窗口的集合按 Carbide.c++ 术语来讲称为透视模式（Perspective）。还有许多其他有用的透视模式，如调试透视模式（Debug Perspective，它包括许多调试期间用到的视图/窗口，通过它可以查看变量及断点等），在 Qt 开发过程中所用到的 Qt C++透视模式（Qt C++ Perspective）。可以通过选择 Window→Open Perspective 选项来改变透视模式。如果切换至 Qt C++透视模式，你会发现工作台出现了一些新的窗口，如 Qt C++ Widget Box、Qt C++属性编辑器以及其他的与 Qt 相关的窗口。我们会在接下来开发新的 Qt for Symbian 应用程序时用到这些窗口。接下来我们还将要使用 Qt for Symbian 来创建一个"Hello World"程序。

创建一个"Hello World"程序

现在我们可以用 Carbide.c++工程向导来创建一个工程（Project）。可以通过选择 File → New → Qt Project 打开工程向导。应用程序向导会显示的几个 Qt 工程模板，如表 2.4 所示。

表 2.4　Qt 工程模板

模　板	用　途
Qt Console（Qt 控制台）	用于不需要 GUI 的应用程序，当处理网络、定时器事件等功能时提供 Qt 事件循环
Qt GUI 对话框	基于 QDialog 类的简单 GUI 应用程序，提供具有基本功能的对话框
Qt GUI 主窗口	基于 QMainWindow 类的 GUI 应用程序，提供更复杂的用户接口选项
Qt GUI Widget	基于 QWidget 组件类的简易 GUI 应用程序

选择 Qt GUI Dialog 模板并单击 Next 按钮。在接下来的对话框中给新的 Qt for Symbian 工程指定一个名称，本例中我们选择 helloworld，然后单击 Next 按钮。应用程序向导会显示一个包含可以在工程中选用的 SDK 列表（SDK 列表取决于你所安装的 SDK）及编译链接配置的对话框。选择你要用的 SDK 并单击 Finish 按钮。现在 Carbide.c++已创建好了一个工程并切换至 Qt C++开发透视模式。单击 OK 按钮添加头文件和源文件至.pro 文件。.pro 文件包含了应用程序的一些信息，使用 Qt 构建工具构建应用程序时需要用到。在 Project Explorer 窗口我们可以看到应用程序向导已经为新的工程创建了许多文件。

*_reg.rss：*_reg.rss 文件是一个特殊的 Symbian 资源文件，包含了一些

Symbian 应用程序启动及系统 Shell 所需的应用程序信息。

*.h/*cpp：这些是标准 C++源文件，包含了工程所用的代码。

*.loc：.loc 文件用于本地化（Localization），在应用程序要支持多语言时使用。

*.rss：标准的 Symbian 资源文件。该资源文件用于定义一系列 UI 元素，例如，菜单、对话框、应用程序图标及标题等。

.inf/.mmp：部件定义文件（bld.inf）和工程定义文件（*.mmp）用来描述 Symbian 工程所包含的文件，例如，当通过命令行来生成工程时就要用到它们。使用 Qt for Symbian 时这些文件是由.pro 文件自动生成的，因此，当我们更改工程设置时应该使用.pro 文件（而不要直接编辑 bld.inf 和*.mmf 文件——译者注）。

*.pkg：Symbian 包文件，用于生成 Symbian 安装文件.sis。

.pro：Qt 工程文件，作用与 bld.inf 及.mmp 文件一样。

*.ui：Qt.ui 文件被 GUI 设计工具用来描述 GUI 应用程序的组成和属性。

Makefile：自动生成的 Makefile 文件，用来编译工程。

要编辑自动生成的文件，双击该文件，它就会在编辑窗口中打开。现在工程已经就绪，我们可以生成并且在模拟器中运行它了。但是，由于应用程序向导新建的是一个空的工程，因此，首先应该给应用程序增加一些功能。要增加 GUI 成员，我们可以使用 Qt 设计编辑器（Qt Designer Editor），双击任一.ui 文件即可打开它。若要增加一个组件（Component），切换至 Widget Editor（组件编辑器）视图，单击左上角靠近 Project Explorer 标签的 Qt C++ Widget Box，选择标签（Label）部件并将它拖至 Editor 窗口。可以通过鼠标右键单击选中标签并选择 Change plain text 或选择 Qt C++ Property Editor 并找到文字属性（Text Property）来修改标签组件的文字。使用属性编辑器可以操作大量额外的参数，这些参数控制着 Widget 组件的外观及功能。将标签的文字改为"Helloworld"，如图 2.5 所示。

想要看到应用程序是什么样的，首先单击 Build 按钮来构建工程，然后单击 Run 按钮（见图 2.4），这样应用程序就会在 S60 模拟器中运行了。如果一切正常的话，你将会看到模拟器运行并启动应用程序。这可能要花点时间，请耐心等待。

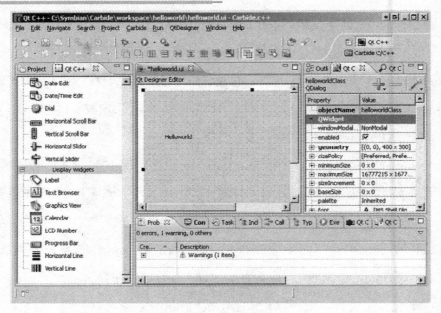

图 2.5　使用 Qt C++视图设计应用程序的 UI

➲ 注意：

如果出现不能正常工作的情况，你可以从模拟器的调试输出（Debugging Output）找到有用的信息。对于 S60 3rd 版来说，要先激活此功能，可以通过两种途径来达到这个目的：

1. 编辑\epoc32\data\epoc.ini 文件，将 LogToFile 0 这一行改为 LogToFile 1。
2. 通过模拟器的属性菜单，选择 Tools → Preferences 并选择 Enable EPOCWIND.OUT logging 选项。

这样就可以在 Windows 临时文件夹下找到日志文件 epocwind.out，通过选择 Windows 开始菜单 → 运行，输入%temp%即可打开 Windows 临时文件夹。

可以通过以下方式来获取更多关于使用模拟器的内容：在 Help → Help Contents 菜单下搜索关键字"emulator"。既然应用程序已经在模拟器中运行起来，我们就可以为物理设备配置构建过程了。

为目标设备生成应用程序

为了将应用程序部署到手机上，我们需要更改生成配置。有很多方法可以达到这个目的，这里我们从 Project Explorer 标签中选中工程，然后选择 Project → Build Configuration → Set Active → Phone Debug （GCCE）选项。这样就可以激活新的生成配置了，如图 2.6 所示。

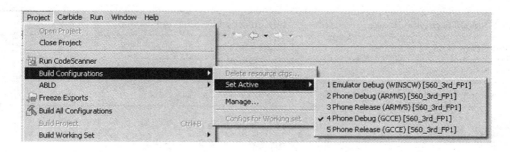

图 2.6 选择一个当前有效的构建配置（Build Configuration）

与为模拟器生成应用程序一样，我们可选择 Project → Build Project 选项创建一个新文件，即 helloworld_gcce_udeb.sisx（Symbian 安装文件）。将应用程序安装至手机设备的最简便的方法是，使用 Nokia Ovi 套件应用程序安装器（Application Installer）以及一个蓝牙适配器或 USB 连接线。确认 Ovi 套件已经连接到手机设备，然后在 Project Explorer 窗口内双击.sisx 文件，这样就可以启动应用程序安装器，你就可以在手机设备上进行安装了。完成安装之后，你应该可以在手机功能表菜单内找到并运行已安装的应用程序。注意，如果 Carbide.c++没有生成.sisx 文件，我们就必须将.pkg 文件添加到 SIS 生成属性（Build Property）中。选择 Project → Properties → Build Configurations 选项，选择 Phone Debug（GCCE）配置，在 SIS Builder 标签下添加.pkg 文件，其他选项选择默认，单击 OK 按钮接收更改并转到 Qt C++视图。重新生成工程，这样就可以得到.sisx 文件了。

2.3 小结

本章我们安装并测试了 Qt for Symbian 开发环境。现在你应该能够编写新的应用程序并在模拟器及物理设备中运行它们了。表 2.5 总结了一些比较好的网络资源，你可以从其中获得更多的信息及帮助（Froum Nokia 中国团队整理了很多最新的 Qt 技术资料，网址：http://wiki.forum.nokia.com/index.php/Qt 开发——译者注）：

表 2.5　网络资源

Forum Nokia Discussion Boards	http://discussion.forum.nokia.com
Forum Nokia Wiki	http://wiki.forum.nokia.com
Forum Nokia Developer's Library	http://library.forum.nokia.com/
Qt Developer Zone	http://qt.nokia.com/developer

链接

表 2.6 列出了本章中所用到的映射（Mapping）或 URL。

表 2.6　本章中所用到的映射或 URL

Short URL（短链接）	Original URL（原始链接）
http://bit.ly/4qdgTk	http://www.forum.nokia.com/Resources_and_Information/Tools/Platforms/S60_Platform_SDKs/
http://bit.ly/7WCpIf	http://wiki.forum.nokia.com/index.php/KIS001066_-_'Cannot_start_ECMT_Manager'_error_message_in_emulator
http://bit.ly/4vOXGX	http://downloads.activestate.com/ActivePerl/Windows/5.6/
http://bit.ly/6Rzaba	http://www.forum.nokia.com/Resources_and_Information/Tools/IDEs/Carbide.c++/
http://bit.ly/R1C2q	http://www.forum.nokia.com/info/sw.nokia.com/id/91d89929-fb8c-4d66-bea0-227e42df9053/Open_C_SDK_Plug-In.html
http://bit.ly/5fQEj4	http://pepper.troll.no/s60prereleases/patches/x86Tools_3.2.5_Symbian_b482_qt.zip
http://bit.ly/8KMG9K	http://pepper.troll.no/s60prereleases/patches/getexports.exe

下一章将介绍跨平台（Cross-platform）的 Qt API，绝大部分 Symbian 应用程序需要通过这些 API 来生成。

第 3 章　Qt 概述

Andreas Jakl

Qt 成功的主要原因之一是它的跨平台特性。正因为如此,你才不需要深入了解目标平台的特性。通用的 Qt 代码只需编写一次,就可以在各个不同的平台上正常工作,而你所要做的就是在不同的平台上重新编译一次。本章主要为读者介绍 Qt 的基础知识,包括 Qt 的工作原理及如何使用 Qt 库,但不会深入解释每个概念。

3.1　Hello World

在第 2 章中,你已经看到如何使用 Qt Designer 快速创建一个用户界面。现在,我们将揭示它幕后的技术,并且学习如何编写 UI 代码。

当然,你可能会认为使用 Qt Designer 开发界面比手动编写源代码要快。虽然这个结论在某些情况下确实是正确的,但是在将界面设计工作交由设计工具处理之前,了解用户界面元素如何工作也是非常重要的。另外,你也不得不经常为了程序的需要而修改或者扩展已有的组件,这时你也要手动修改 Qt 类。

作为第一步,我们将创建一个典型的 Hello World 程序。当然,这个程序的目的是在屏幕上显示"Hello World",如图 3.1 所示。它是该程序在 Windows 7 与 Symbian 系统上的截图。通常你会用 Qt Creator、Carbide.c++、Visual Studio 或者其他的 IDE 创建和管理你的 Qt 工程。为了让读者理解跨平台生成工具是如何工作的,我们这次手工创建这个工程。

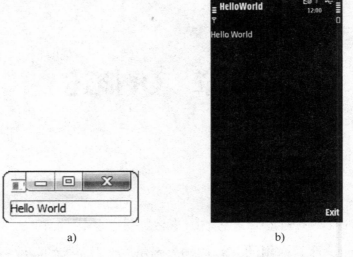

a)　　　　　　　　　　　　　　b)

图 3.1　Hello World 应用程序，使用标签组件显示这段著名的文字

a) Windows 7　b) Symbian

首先，创建一个名为 HelloWorld 的空目录，然后在该目录下创建一个名为 main.cpp 的文件。当使用 Symbian 的链接工具编译时，请确保整个工程的路径不包含空格及特殊字符，并且工程要与 Symbian SDK 在同一个硬盘分区上。

```
1  #include <QApplication>
2  #include <QLabel>
3
4  int main(int argc, char *argv[])
5  {
6      QApplication app(argc, argv);
7      QLabel label("Hello World!");
8      label.show();
9      return app.exec();
10 }
```

前两行代码为应用程序添加了必要的头文件。快速阅读源代码，可以发现我们使用了两个类：QApplication 与 QLable。值得一提的是，Qt 将类文件的名称设计成与类名一样，这样我们就可以非常方便地包含所需要的头文件。

接下来是创建 QApplication 对象，该对象管理整个应用程序的资源，并处理主事件循环。程序的命令行参数会被传递给该对象的构造函数，因为 Qt 也支持一些它自己的命令行参数（Qt 参数）。

现在我们创建一个带"Hello World"文本的 QLabel 对象，这个可见的用户界面元素，在 Qt 术语中称为 Widget（窗口部件，起源于 UNIX——译者注）。刚开始它是不可见的，调用它的 show()方法后，它就显示到屏幕上了。由于该标签没有父控件，它会自动嵌入到操作系统桌面上的一个窗口上（没有父组件的组件会被嵌入到一个顶层窗口中），因此可以独立显示。

最后一行代码调用了 exec()函数，将控制权交给了 Qt。应用程序进入事件循环，并等待用户事件，如鼠标单击、触摸事件或键盘按下等。如果用户关闭了应用程序窗口，exec()函数将返回，并结束应用程序。

3.1.1 编译

现在试着编译该程序。打开一个命令提示符窗口，进到工程所在的目录，然后输入

```
qmake -project
```

这个命令会生成一个与平台无关的工程文件（HelloWorld.pro），它包含了要创建的应用程序类型（可执行文件或库文件），项目的源文件及头文件（这个项目只有 main.cpp）等信息，另外，还有其他一些项目设置信息。如果出现错误信息，请确保将 Qt 安装目录下的/bin 文件夹添加到系统的 PATH 环境变量。.pro 文件的内容应该像下面这样：

```
1 TEMPLATE = app
2 TARGET =
3 DEPENDPATH += .
4 INCLUDEPATH += .
5
6 # Input
7 SOURCES += main.cpp
```

输入以下命令为.pro 文件创建与特定平台相关的 makefile 文件，它会根据不同的目标平台创建不同的文件。若目标平台是 Symbian 系统，就会生成程序在手机上显示菜单所需的资源以及 Symbian 特有的工程文件（.mmp）。

```
qmake
```

下一步是为你的目标平台编译程序。make 命令默认生成发布版（Release）的程序。如果你添加 debug 参数，它就会生成 Debug 调试版（debug）程序，使用 Carbide.c++就可以在 Symbian 手机上直接调试程序。

```
make
```

3.1.2 打包

在 Windows 中，你可以直接双击.exe 文件，运行你的第一个"Hello World"程序。如果你使用 Symbian SDK，则要多做几步。受限于 Symbian 系统的安全模型，因此，无法直接运行.exe 文件。必须用 Symbian 系统安装组件安装所有的程序，然后验证程序的数字证书和其所要求的权限，最后将可执行文件复制到受保护的目录下，这个受保护的目录几乎无法被其他组件访问。

要将程序打包并安装到你的手机上，应先把你的手机连到计算机上，再运行 Nokia PC 套件，然后输入：

```
createpackage -i HelloWorld_gcce_urel.pkg
```

这个命令会把可执行文件及为手机功能表菜单生成的资源文件打包成一个自签名的.sis 安装文件。-i 参数会在程序打包成功后，自动安装到手机上。除此之外，你还可以用手机网络下载或者使用蓝牙功能或 USB 连接，将.sis 文件直接发到手机上，然后根据手机上的提示手动安装。

3.2 Basics 示例程序

Qt 入门的最好方式是学习示例程序。首先，我们演示如何为多个组件设置布局，其次再解决内存管理的问题，最后深入探讨一种动态连接多个类实例的通信手段。

3.2.1 布局

上一节中演示了如何使用单个 Widget（Symbian 中称为 Control 控件）作为窗口，在 Symbian 设备上，这个 Widget 会作为全屏窗口显示。大多数情况下，程序的界面由多个组件构成，这些组件在屏幕上按一定的规则排列。

在 Qt 中，组件的排列工作是由各种布局管理器完成的，管理器自动对齐并调整其管理的组件的大小。对于移动设备来说，布局托管是尤为重要的。一个简单的 PC 程序界面即使是固定的、用户无法调整其大小，也能很好地工作，Windows 自带的计算器程序就是如此。另外，多数移动设备支持屏幕旋转（例如，根据重力感应器）。为保持良好的可用性，程序需要实时调整界面以适应新的屏幕方向并对用户界面做适当的拉伸。查阅 Qt 文档可以直观地了解现有的布局管理器。

下面的示例演示如何为 3 个组件使用垂直布局管理器（Vertical Layout Manager）。程序在 Windows 7 与 Symbian 系统上的运行效果如图 3.2 所示。

```cpp
 1  #include <QApplication>
 2  #include <QVBoxLayout>
 3  #include <QSpinBox>
 4  #include <QSlider>
 5
 6  int main(int argc, char *argv[])
 7  {
 8      QApplication app(argc, argv);
 9      QWidget window;
10
11      QVBoxLayout* layout = new QVBoxLayout(&window);
12
13      QSpinBox* spinBox = new QSpinBox;
14      QSlider* slider = new QSlider(Qt::Horizontal);
15      QPushButton* exitButton = new QPushButton("Exit");
16
17      layout->addWidget(spinBox);
18      layout->addWidget(slider);
19      layout->addWidget(exitButton);
20
21      window.show();
22      return app.exec();
23  }
```

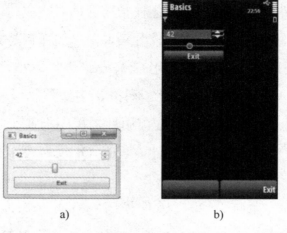

a)　　　　　　　　　　　　b)

图 3.2　一个包含微调框、滑动条及退出按钮的组件，使用垂直布局管理器

a) Windows 7 上的截图　b) Symbian 系统上的截图

屏幕上有 3 个 Widget：滑动条（Slider）、微调框（Spinbox）与按钮（Push Button），它们通过布局管理器（QVBoxLayout）排列。如果调整窗口大小，布局管理器会根据可用空间自动调整 Widget 大小。当然，还可以用布局管理器为 Widget 定义更多的行为细节，例如，可以将按钮固定在窗口上的某个位置保持不变，这样按钮就不会被拉伸而在屏幕上占据一大块区域。如果使用本地 Symbian C++开发，由于 Symbian 上没有布局管理器，开发人员不得不手动设置/调整所有 Widget 的位置。相比之下，UIQ3 的开发人员会比较熟悉类似的布局管理器。

在上一节中，我们直接使用一个标签（Label）组件作为窗口。这次我们将用 QWidget 类创建一个简单的 window 对象。QWidget 通常用做其他 Widget 的容器，或者继承 QWidget 创建自定义组件。在这个例子中，我们在构造 QWidget 对象时，不传递任何参数——这么做，该对象就变成对象层次结构的根对象，参见 3.2.2 节（Qt 程序是以对象层次结构构成的，内存管理便是基于此结构——译者注）。在 main()函数的最后，调用 Widget 的 show()方法使这个组件成为一个窗口（来显示）。

接下来是创建布局管理器。将 QWidget 对象作为参数传递给 QVBoxLayout 对象的构造函数，这个 QVBoxLayout 对象将负责管理窗口的布局。

与第一个示例中的 QLabel 对象创建相似，后面的代码创建了 3 个 Widget（slider、Spinbox 以及 exitButton）。这些 Widget 都被添加到了 QVBoxLayout 对象中，由它管理这些 Widget 的布局。在对象层次结构中，这 3 个 Widget 都作为 window 对象的子对象。一旦父对象在屏幕上显示，那么这些子对象也会自动变成可见的，无须对这些子对象分别调用 show()方法。

最后，调用 QApplication 对象的 exec()方法开始这个小程序的消息循环。就像"HelloWorld"示例（3.1 节）所说的那样，程序开始等待各种事件（例如，键盘或触摸事件），并将事件传递给适当的类处理。即使我们没有任何设置事件处理器，QApplication 的 quit()方法也会在用户单击窗口上的红色 X 按钮或按下电话上的挂机键时被自动调用来关闭程序。如果我们没有调用 a.exec()，而是直接执行 return 0，应用程序将立即结束，屏幕上也看不到该程序。当然，Exit 按钮也不会有任何作用。

3.2.2 对象层次结构与内存管理

如果你有移动开发的经验，就会觉得特别奇怪，前面的示例中为什么没有删除之前创建的对象呢？由于 window 对象是在栈上分配的，当它超出 main()函数的范围时，内存会自动释放，这个无可争议。但是在代码中，那些在堆上分配的对象并没有显式释放，这是为什么呢？答案就是 Qt 为我们接管了部分的内存管理工作。

示例程序中我们所用到的类，在类的继承关系上，最终都是派生自 QObject 类。这么做的一个好处是能够利用 QObject 对象存储层次结构。在程序的最终对象树中，window 对象被用做父对象，其他 4 个对象作为子对象，如图 3.3 所示。QObject 基类提供了多个方法供开发人员手动查询或修改对象树。

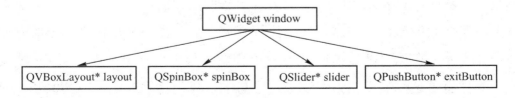

图 3.3 从 QObject 派生出来的类可以存储在基于树结构的对象层次模型中

当父对象被删除时，它也会自动删除所有的子对象。为了完成这项工作，子对象必须在堆上创建，这也是示例中使用 new 创建子对象的原因，只有父对象才能在栈上创建。在本例中，window 对象在它超出 main()函数的作用域时会自动被销毁，与此同时，它也会释放所有的子对象（布局管理器、slider、Spinbox 以及 exitButton）。

虽然源代码中将界面 Widget 作为布局管理器的子对象，但 Qt 会自动把这些子对象的父对象设置为布局管理器的父对象（例如,上面例子中的 window 是所有对象的父对象——译者注）。这是因为 Widget 只能以另一个 Widget 作为父对象，而不能以布局管理器（Layout）作为父对象。当然，嵌套式布局管理器对象可作为另一个布局管理器的父对象。

3.3　信号与槽

理解了如何在屏幕上显示程序窗口之后，下一步就是了解程序交互的工作原理。前面我们已经介绍了 QObject 基类能够处理对象层次结构，QObject 还定义了其他的功能与机制，其中最重要的概念就是信号与槽，它使对象间的安全通信变得更加灵活。

3.3.1　信号基础

大多数开发库都使用回调函数或事件监听机制，通知程序的其他部分有关事件或状态的更新。例如，为 Symbian 系统开发的音频播放器通常包含一个从特定接口派生的类，并将这个类实例的指针赋给外部服务提供者（音乐播放器库），这个库在音频文件装载或音频播放完毕时会用回调这个指针所指的对象。回调有几个缺陷，首先是监听类需要实现一些特定的接口，其次是发送者必须管理每个注册的回调指针，并且每次在执行回调之前，需要手动检查每个监听者是否还在。另外，在保存函数指针时 C++不会做参数类型安全检查。而 Qt 的信号与槽机制克服了这些缺点。为了演示信号与槽，我们将修改上一节的例子，增强程序的交互性。首先要实现 Exit 按钮所应有的功能——关闭程序。只需在按钮创建之后，添加下面的代码即可实现该功能：

```
QObject::connect(exitButton, SIGNAL(clicked()), &app, SLOT(quit()));
```

当一个特定的事件发生时，比如本例中的按钮单击事件，按钮对象就会发送一个信号。Qt 组件有许多预定义的信号，但也可以自定义信号。调用 QObject::connect()将信号与另一个组件对象中的槽连接（见图 3.4）。槽是一个普通的 C++成员函数，它的函数特征（参数）与信号相匹配。信号与槽建立连接后，信号一发送，槽就会被调用。与信号一样，Qt 组件中也有许多预定义的槽，但也可以从 QObject 等 Qt 类派生并添加自定义槽。

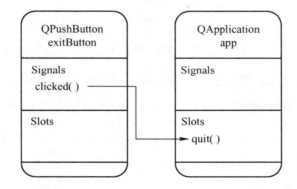

图 3.4　事件发生时对象就会发送信号。Qt 将信号转发给
对该事件感兴趣的对象，并调用与之关联的槽

connect()函数的前两个参数指定信号的发送者，发送信号的对象和指定的信号应该绑定到一个槽上。后两个参数指定了信号的接收对象及处理该信号的槽（方法）。因为 connect()方法需要接收对象的地址作为参数，所以，不需要&操作符，直接将按钮对象 exitButton 的指针传递过去即可（此变量本来就是指针）。

与回调相比，信号与槽机制有一个很大的优点：灵活性。一个信号可以与多个槽连接，一个槽也可以接收来自多个不同对象的信号。当信号发送时，所有与之相连的槽都会被一一调用，但调用顺序是随机的（这个机制也支持多线程，详细说明请参考 Qt 文档）。如果信号没有与任何槽建立连接，就什么事也不会发生。

信号发送者不知道也不必知道系统中是否有对象在等待它的信号。在另一边的槽也不必关心信号从哪里来。这些特征对于信息封装来说是至关重要的，它使开发在运行时可动态链接的独立模块变得更轻松。

调用 connect()函数时，信号与槽这两个参数分别用 SIGNAL()和 SLOT()宏包装起来。这是必需的，因为该函数只接受字符串作为其参数，这样才能遵循 Qt 内部规范及槽的动态引用规则。这些宏能够确保基于特定的方法名，生成正确的信号-槽字符串，但在编程时，我们并不需要了解这些细节。使用 connect()函数，一个显而易见的好处是，我们在运行时建立信号与槽的连接，Qt 能够帮我们检查它们的函数声明是否兼容（或匹配）。也就是说，你无法将信号与不兼容的槽相连接，因为你在给它传递参数时信号与槽必须是相互对应的。

3.3.2 参数

很多情况下，信号在发送时会携带与事件相关的额外信息（参数）。例如，上一个示例中包含的微调框与滑动 Widget，如果我们想将二者的值同步，那该怎么做？在微调框的值改变时，也要更新滑动 Widget 的值，反之亦然。很明显，无论何时，Widget 的值一旦更改，就必须通知事件的接收 Widget。其实在上面的例子中，我们只需添加两个语句即可达到这个目的：

```
QObject::connect(slider, SIGNAL(valueChanged(int)),
            spinBox, SLOT(setValue(int)));
QObject::connect(spinBox, SIGNAL(valueChanged(int)),
            slider, SLOT(setValue(int)));
```

当用户更改滑动 Widget 的值，它就会发送 valueChanged(int)信号。由于通过 connect()语句把该信号与微调框的 setValue(int)槽相连，所以，该槽会立即被调用。当微调框的值更改时，同样的事也发生在滑动 Widget 上。这两个信号中的 int 参数表示整数型参数，可把一个新的值传递给槽。

当然，从表面上看这个双向的信号-槽连接似乎会导致两个组件永远不停地互发信号，因为微调框与滑动 Widget 会来回不断地发送已更新的值给对方。但是，仔细观察这两个组件的 setValue(int)槽的实现，你就知道这一情况不会发生，因为这两个槽只会在接收到的值与当前的值不一致时才会发送 valueChanged(int)信号。

注意，Qt 不会自动转换信号-槽参数的类型。例如，一个拥有网络传输功能的类，如果它只提供一个接收字符串作为其参数的槽，就无法将该槽直接与滑动 Widget 中携带 int 参数的信号相连。如果强行将二者连接，编译器或链接器都不会通知出错，但在程序运行时，该 connect()语句执行会失败，并在控制台窗口显示一条警告信息（在调试状态下）。例如，使用不兼容的微调框信号时会显示：

```
QObject::connect: Incompatible sender/receiver arguments
    QSpinBox::valueChanged(QString) --> QSlider::setValue(int)
```

从上面的分析可知，信号与槽都是类型安全的。如果信号发送者和接收者有一方不存在，或者信号与槽的函数声明不一致，那么连接就会失败。connect()函数的返回值是一个布尔值，表示连接的建立是否成功。

现在我们已经知道如何连接两个已有类的信号和槽，接下来我们将学习如何在程序中创建自己的信号与槽，使得不同的类可以互相通信。

3.4 Qt 对象模型

Qt 对 C++类进行了扩展，使之更加灵活，但完全保留了 C++的高效性。Qt 对象模型主要提供了以下优点，在以后的各章中将对这些优点一一解释。

● 内存管理支持（参见 3.2.2 节）。

● 信号与槽机制。

● 属性系统及元对象系统。

3.4.1 QObject

QObject 类是 Qt 对象模型的核心。要使一个类获得上面所述的这些优点，它就必须从 QObject 派生，并在它的头文件将 Q_OBJECT 宏用做定义。

接下来我们将通过例子演示一个名为 SimpleMultiplier 的自定义类，该类通过槽接收一个值，将之乘以 2，然后通过信号将结果发送出去。当然，在实际编程中，你不会像这样实现一个简单的计算器程序。但试想一下，如果该计算需要花很长的时间，或者该计算结果需要从 Web Service 获取，这时候，通过自定义信号将最终计算结果广播出来将是一件很有意义的事。

3.4.2 自定义信号与槽

新的类 SimpleMultiplier 将会用到信号与槽。正如前文所述，它必须从 QObject 派生，由于该类不需要在屏幕上显示任何东西，所以它不是一个 Widget。

```cpp
1  #ifndef SIMPLEMULTIPLIER_H
2  #define SIMPLEMULTIPLIER_H
3
4  #include <QObject>
5
6  class SimpleMultiplier : public QObject
7  {
8      Q_OBJECT
9
10 public:
11     SimpleMultiplier(QObject* = 0);
12
13 public slots:
14     void startCalculation(const QString value);
15
16 signals:
17     void resultReady(int result);
18 };
19
20 #endif // SIMPLEMULTIPLIER_H
```

头文件的前两行与最后一行的预编译指示器是常见的 C++代码，它们用于在大型工程里避免头文件的重复引用导致编译时出现类重定义错误。

类声明的第一个语句就是 Q_OBJECT 宏。该宏定义了 Qt 对象模型所需的几个关键函数。如果你忘记添加该宏，编译时通常会出现下面的提示信息（g++编译器）：

```
simplemultiplier.h:16: Error: Class declarations lacks Q_OBJECT macro.
mingw32-make[1]:*** [debug/moc_simplemultiplier.cpp] Error1
```

用 SimpleMultiplier 构造函数的 QObject 参数，可以为 SimpleMultiplier 对象指定一个父对象。如果父对象不为空，可以通过 SimpleMultiplier 的基类 QObject，从对象层次模型中取得该父对象。否则 QObject 参数就会赋予默认值 0，即空指针，此时 SimpleMultiplier 对象就没有父对象。

接下来是自定义信号和槽的代码。槽的访问级别被设置为 public，这样它们就可以被外部类访问。当然，也可以根据实际的需要，将槽的访问级别设置成 protected 或 private。

与槽形成鲜明对比的是信号的定义。信号定义的关键字 signals，不需要任何访问级别关键字修饰。信号总是被定义成 public，以便能用它在不同类之间进行通信。而在同一个类范围内，可以像函数调用那样直接调用槽。最后，信号没有返回值，因此它们总是使用 void 定义。

3.4.3　槽的实现与信号发送

上一节的 SimpleMultiplier 类实现起来很简单。

```
1 #include "simplemultiplier.h"
2
3 SimpleMultiplier::SimpleMultiplier(QObject* parent) :
4        QObject(parent)
5 {}
6
7 void SimpleMultiplier::startCalculation(const QString value)
8 {
9    bool ok;
10    int num = value.toInt(&ok);
11    if (ok) {
12 emit resultReady(num * 2);
13    }
14 }
```

构造函数只是简单地将父对象的指针（或者 0）传递给基类 QObject。

注意，startCalculation（QString）槽的实现是一个普通的 C++方法。也就是说，它只是一个普通的方法，你甚至可以将之作为普通的函数直接调用，而不必使用信号与槽机制。但因为它在头文件中使用了"public slots:"关键字修饰，所以，它也能作为槽来使用。

在这个方法的实现中，它先通过 QString 将参数转换为一个整型值。如果转换成功，那么将整型值乘以 2，再作为信号 resultReady 的参数发送出去。

由于槽的参数使用 const QString 声明，因此，该槽也能处理标准 Qt 组件 QLineEdit 的输出。受益于 Qt 的隐式共享机制（参见 3.5.1 节），使用传值而不是传引用方式处理字符串不会产生你预想的额外系统开销（由于该槽直接处理字符串，所以，有些 C++编程人员可能会以标准的 C++传值方式思考，认为系统会将实参复制一份，但由于 Qt 处理字符串的方式使用的是隐式共享，所以，这一步不会发生——译者注）。

与槽相反，信号只需在头文件中定义，而不必在.cpp 文件中实现。编译时，MOC（无对象编译器）会自动为信号生成相应的 C++源代码。

3.4.4 元对象编译器

元对象模型（Meta-object Model，MOC）是 Qt 对 C++扩展后新增加的概念。直接用标准 C++编译器编译 Qt 代码是不行的。例如，头文件中的 signals 与 slots 关键字不是标准 C++的组成部分，因此，编译时会报错。在实际工作中为解决 C++扩展问题，有两个可选方案：一是使用定制的 C++编译器，二是创建一个能够自动将这些关键字转换成标准 C++代码的工具。

Qt 选择第二个方案来保持 Qt 的灵活性与扩展性，并使 Qt 代码在所有支持的平台上都能够使用相应的 C++编译器编译。因此，在把 Qt 代码交给标准 C++编译器编译之前，源代码要用名为 MOC 的元对象编译器展开，通过生成额外源代码的方式将 signals 与 slots 结构转换成标准的 C++代码。当然，这一过程不会修改你的源代码，而是在编译过程中让你的源代码包含 MOC 生成的附加文件（moc_myclass.cpp）。

如果用 qmake 命令创建 makefile 文件（Qt Creator 与 Carbide.c++就是使用这种方式），调用 MOC 工具的规则会自动被添加到 makefile 中，所有包含 Q_OBJECT 宏的类都会有这个规则。这个处理过程通常不会有什么问题。Qt 官方文档 "Using the Meta-ObjectCompiler(moc)" 一节列出了 MOC 的一些限制条件。另外，文中也指出了不能用 C++模板实现该工作的原因。

3.4.5 连接信号与槽

为了演示 3.4.3 节中定义的 SimpleMultiplier 类，我们将创建一个简单的用户界面。与 3.2.1 节的第一个示例相似，main()函数创建了一个名为 window 的 Widget，它包含了两个 Qt 标准组件：一个文本框（QLineEdit）和一个标签 Widget（Qlabel），如图 3.5 所示）。另外，这次我们使用水平布局管理器（QHBoxLayout）管理窗口布局。在下面的源代码中，include 语句已经被省略了，所有使用到的类的头文件，可以根据示例中的类名得出。

```cpp
1  int main(int argc, char *argv[])
2  {
3      QApplication app(argc, argv);
4      QWidget window;
5      QHBoxLayout* layout = new QHBoxLayout(&window);
6
7      QLineEdit* input = new QLineEdit();
8      QIntValidator* validateRange =
9          new QIntValidator(0, 255, input);
10     input->setValidator(validateRange);
11     layout->addWidget(input);
12
13     QLabel* result = new QLabel();
14     layout->addWidget(result);
15
16     SimpleMultiplier mult;
17
18     QObject::connect(input, SIGNAL(textEdited(QString)),
19                  &mult, SLOT(startCalculation(QString)));
20     QObject::connect(&mult, SIGNAL(resultReady(int)),
21                  result, SLOT(setNum(int)));
22
23     window.show();
24     return app.exec();
25 }
```

代码中，QLineEdit 对象构造完之后，我们将一个校验器赋给它。校验器会对编辑组件的输入进行检查，限制不合法的输入。在这段代码中，我们使用了 Qt 提供的整型校验器（QIntValidator），它的构造函数的前两个参数分别指定了整型校验器的下限与上限。当然，你也可以使用自行开发的校验器，或使用正则表达式校验器。

图 3.5　自定义类将用户的输入值乘以 2，然后将结果通过信号发送出去

接下来创建两个信号–槽连接，用于处理用户在文本框中的输入（见图 3.6）。第一个连接将 QLineEdit 组件的 textEdited 信号与 SimpleMultiplier 对象的 startCalculation（QString）槽相连，QLineEdit 组件的内容一改变，就会发送 textEdited 信号。根据 3.3.2 节的介绍，槽被执行的时候，不会产生类型转换，因为 startCalculation()槽的参数是 QString，而 textEdited()信号的参数也是 QString。

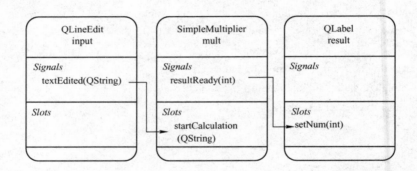

图 3.6　SimpleMultiplier 类的计算过程由 startCalculation(QString)槽触发，然后通过 resultReady(int)信号将计算的结果发送出去

第二个信号–槽连接会将计算结果显示到标签组件上。通过这两个信号–槽连接，只要用户更改文本框的内容，标签组件上的内容就会立即做出相应的更新。这个方案的漂亮之处在于它的灵活性。如果你想在另一个标签组件上显示计算结果，或者通过网络传送该结果，只需简单地将 resultReady 信号与新的槽连接即可。

3.4.6　属性与元信息

属性（Properties）是 Qt 对标准 C++对象系统的另一项扩展。可以将它们添加到类或类对象中，就像成员变量那样。但与成员变量最大的不同是，它们不仅能在头文件中通过 Q_PROPERTY()宏声明，甚至能在运行时，动态添加到类或类对象中。这项特性对用户界面组件来说是非常有用的。下面的代码可以发现并查询 QPushButton 对象 but 的属性：

```
1  QPushButton but("Hello Property");
2  // Get meta object of target object
3  const QMetaObject *metaobject = but.metaObject();
4  // Number of properties
5  int count = metaobject->propertyCount();
6  for (int i=0; i<count; ++i) {
7      // Retrieve current property
8      QMetaProperty metaproperty = metaobject->property(i);
9      // Print name and value to debug out
10     const char *name = metaproperty.name();
11     QVariant value = but.property(name);
12     qDebug() << "Name:" << name << ", value:" << value;
13 }
```

结果显示 QPushButton 对象有 71 个预定义属性（Qt4.7 版的 QPushButton 属性已经达到 72 个——译者注）。这些属性涵盖了组件位置、大小、布局、窗口可见性、按钮文本及所使用的区域信息（本地化）。

另外，每个 QObject 的派生类都会自动创建一个 QMetaObject 实例，用于提供对象所属的类名、父类及可用的元对象方法，如信号、槽等。虽然这些对一般的程序开发来说不是必须的，但这些可以在需要对象信息的元程序（Meta-application）中派上用场，例如，脚本引擎（Qt 支持脚本功能，可以用 Qt 编写脚本引擎，脚本可与 Qt 类通信——译者注）。

3.5　用户界面

Qt 通常作为用户界面（UI）工具箱来创建跨平台的用户界面。但这只说对了很小的一部分，Qt 的功能远不止于此，它还为程序开发提供了很多有用的服务与模块。在后面的几节中，我们将会看到一些非 UI 功能，比如网络或 XML

支持（参见 3.7 节）。当然，UI 依然是大部分 Qt 程序的必要组成部分，因此，我们将从这方面入手。

3.5.1　使用隐式共享处理文本

几乎所有程序的表单（Form）都会用到文本。因此，首先让我们深入了解 Qt 中如何使用文本与字符串。

所有的 UI 类都是从 QObject 派生的。但是其他一些类不需要像信号、槽及自动内存管理等功能，因此，它们不必从 QObject 派生。QString 就是最好的例子，该类对象在堆上创建、存储文本，并使用 Unicode 对文本编码，类似于 Symbian 系统上的 LString 类或 RBuf 修饰符。QString 定义了大量的函数，使用起来非常方便，尽管它也会占用大量的系统资源。例如，在初始化期间，它会自动将 const char*数据转换为 Unicode 编码，代码如下所示：

```
QString str1 = "Hello world";
QString str2 = str1;
str2.replace("world", "Qt");
```

执行完这个代码片断后，str1 依然是"HelloWorld"字符串，而 str2 的结果变成"Hello Qt"。这正是我们所期望的结果，而且通常只需要写这么几行。特别是在内存有限的移动设备上工作时，系统资源是很宝贵的。因此，了解 Qt 如何实现隐式共享这一概念将是非常有意义的。

虽然第二行代码确实将 str1 的值赋给了 str2，但 Qt 并不会立即将 str1 的数据复制给 str2（见图 3.7）。相反，赋值过程只是传递了指针，这时两个变量引用的都是位于堆上的同一文本的缓存（浅复制）。为了保证该机制的安全，数据使用原子引用计数（即线程安全的引用计数——译者注）。只有当 str2 的内容被修改了，Qt 才会在内存中使用深复制，将两个字符串分开存储。这一过程在幕后发生，不需要程序员的干预。这样程序的运行速度与内存使用率都得到了优化。

因此，在使用字符串作为参数时，通常不必传递字符串的指针，因为传值调用不会真正复制字符串的内容。隐式共享机制也在其他类中得到应用，例如 QImage 类。该类用于加载或保存图片。如果你想在类中使用隐式共享机制，那么使用 QSharedDataPointer 模板类就能轻松实现这一功能。

图 3.7　QString 对象的数据只在需要的时候才会被复制（隐式共享）

3.5.2　国际化

这一节我们简单介绍 Qt 的国际化支持。在你开始开发桌面程序时，国际化也许并不是很重要，但对移动应用程序来说国际化却是至关重要的。用户通常会希望他们手机上的程序都使用本地语言。

正因为如此，Symbian 系统上的 C++程序都有国际化支持。UI 的国际化使用 C++资源文件实现。所有 UI 使用到的字符串都被集中放到一个资源文件中。不同语言通过包含相应的资源文件就可以轻松创建不同语言的 UI。所有的本地化文件都会被嵌入到.sis 安装文件中一起发行，但通常只安装与当前电话所使用的语言相一致的那个。只有当应用程序不包含所需要的语言时，才会在安装时让用户选择另一种预定义语言。在程序的源代码中，像 StringLoader 这样的工具类负责把资源文件中的文本载入到内存（描述符）中。

Qt 的文本翻译过程更加精妙。它的做法不是将所有源代码中的文本都挑出来，然后存放到另一个文件中，相反，它是直接将一种默认语言（通常是英语）嵌入到源代码中，然后在运行时根据实际需要，通过额外的翻译文件替换指定的文本。这样使代码更容易维护，同时也保持了使用附加翻译文件的优点。Qt 也提供了生成并编辑这些翻译文件的工具。另外，QObject 基类也使得整合文本翻译变得很容易，甚至能处理一些特殊情况（比如名词单复数形式），而要用 Symbian 系统的资源文件方式则几乎全部都要手工处理。

文本翻译

对于简单的文本翻译，只需在代码中将要翻译的字符串用 tr()括起来，这是

QObject 的一个方法。下面的代码演示了如何使用本地化文本初始化标签组件：

```
QLabel* label = new QLabel(tr("Hello World"));
```

当然，翻译通常不会这么直截了当。不同语言有不同的书写顺序，这对动态文本的影响很大。例如，当向状态信息文本中插入文件名时，不同的语言要在不同的位置插入。另外，不同的数字可能需要单数或复数形式的不同文本。为保证翻译正确，有时可能需要提供相关的上下文，在这种情况下可以为要翻译的内容提供文本描述，这些描述只对翻译人员可见。请阅读 Qt Creator 的帮助获取如何处理这些情况的详细信息。

源代码中的文本使用的是默认语言。如果想为工程文件添加额外的德语与法语翻译文件，可以像下面这样做：

```
TRANSLATIONS = demo_de.ts\
               demo_fr.ts
```

运行工具 lupdate <.pro-filename>可以将 C++源代码中所有可翻译的字符串都提取出来，并生成一个翻译文件（.ts，translation source，翻译源文件）。该工具会解析工程文件中所有在 SOURCE、HEADERS 与 FORMS 标签下注册的文件，然后生成基于 XML 格式的.ts 文件。如果你修改了源代码中要翻译的文本，那么只需再次运行该工具，就会更新已有的.ts 文件。

除了直接翻译.ts 文件外，还有更简便的方式——使用 Qt Linguist，即 Qt 翻译助手。这个程序为翻译工作提供了一个简洁的界面，利用该工具就可以将翻译工作交给那些不懂技术，但精通语言的翻译人员。这个工具也提供了预览（前提是使用 Qt Designer 生成 UI）及校验功能。

若所有的字符串都翻译完毕，且被标记为"Finished（完成）"，那么就可以运行 lrelease <.pro-filename>。该工具将基于 XML 的.ts 文件转换成相应的二进制.qm 文件，最后你可以将该文件与你的程序一起发布或作为资源嵌入到可执行文件中。

最后一项工作是适时载入翻译文件。通常在 main()函数的开始处初始化 QTranslator 类：

```
1  // 读取系统区域信息
2  QString filename = QString("demo_%1").arg(QLocale::system().name());
3  //若翻译文件可用，加载正确的翻译文件
4  QTranslator translator;
5  translator.load(filename.toLower(), qApp->applicationDirPath());
6  // 将已加载的翻译文件添加到可用翻译文件列表
7  app.installTranslator(&translator);
```

第一行代码读取当前系统设置的区域位置，区域位置是一个字符串，它由语言代码及国家代码组成（这是国际标准，例如，奥地利德语表示成 de_AT，简体中文表示为 zh_CN——译者注）。QTranslator 首先会试着加载指定的翻译文件。如果找不到，它会一步步地寻找更通用的版本（见图 3.8）。例如，如果你只提供了一个通用的德语翻译文件，而未提供奥地利德语（de_AT）或瑞士德语（de_CH）的翻译文件，那么 QTranslator 将会自动加载这个 de 文件。

如果找到一个适合的翻译文件，那么程序的翻译工作就完成了。若想添加其他的语言，所要做的就是为这些语言创建翻译文件，然后将它们添加到工程文件中即可。

本地语言：de_AT，即奥地利德语

```
demo_de_at.qm
  ↳ demo_de_at
    ↳ demo_de.qm
      ↳ demo_de
        ↳ demo.qm
          ↳ demo
```

图 3.8　根据需要，Qt 会递归地寻找较通用的翻译文件（此例中本地语言为奥地利德语 de_AT）

3.5.3　Widget、对话框与主窗口

编写大型程序时会用到大量不同的窗口 Widget，若只是简单地在 main()方法中创建不同的 Widget 就会显得很有局限性。当然，Qt 设计时就考虑到了这些，因此，它提供了更加灵活与有用的方式，包括子类化 Widget、对话框及主窗口的使用。

子类化 Widget

比较常用的创建 UI 的方法是从 QWidget 类派生一个自定义类，然后添加单个 UI 组件，如标签、按钮等，作为自定义 Widget 的成员变量，在构造函数中创建它们。这种方式将相关的 UI 元素封装到一个类中形成一个 Widget，对这种自定义 Widget 进行修改不会影响程序的其他部分。这与传统 Symbian 构架中的容器相似，这些容器本身也是控件，但只对包含于其中的可见 UI 元素服务。

对话框

除了子类化 Widget，Qt 还可以使用对话框。它们常常用来获取状态间的信息，比如询问用户是否要建立网络连接。当对话框关闭时通常不会结束整个程序。

与 Widget 类似，子类化 QDialog 也是常用的方式，QDialog 本身也是派生自 QWidget 的。因此，子类化 Widget 与子类化对话框的基本概念是一样的——只是 QDialog 类添加了一些用于对话框的方法。Qt 自身携带了几个预定义的对话框，比如文字或数字输入对话框、颜色拾取对话框、文件对话框、字体对话框及其他对话框。

使用预定义对话框很简单。下面的代码介绍如何使用一个简单的消息框，这种对话框在程序中很常见。消息框会显示一条警告信息，询问用户是否要退出（见图 3.9）。消息框有两个可选项，它返回一个整数值表示用户选择了哪个选项。

```
int ret = QMessageBox::warning( this, "Exit?",
        "Do you really want to exit the application?",
        QMessageBox::Yes | QMessageBox::No );
```

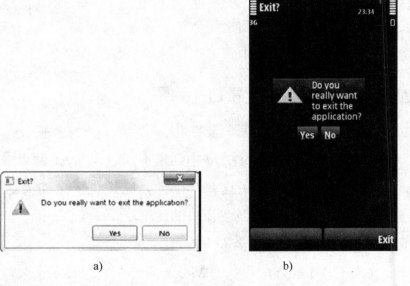

a)   b)

图 3.9 Qt 提供的预定义对话框用途很广泛。这个示例显

示了 windows 7 与 Symbian 系统上的警告对话框

a) Windows 7 b) Symbian

默认地，对话框是模态的（Modal），即对话框总是处于父窗口之前，并且

所有对父窗口的操作都会被阻塞，直到对话框关闭，此时你只能与对话框打交道。当然，也可以创建非模态（Non-modal）对话框。这也很有用，例如，文本编辑器程序的搜索对话框，这个对话框始终位于父窗口之前，确保用户能够方便地搜索下一文本，但用户仍然能够直接与文本编辑器交互。

主窗口（Main Window）

从本质上讲，QMainWindow 只是一个预先定义好布局的应用程序窗口，它定义了 UI 程序的几个标准 Widget，包括工具栏、停靠组件、菜单及状态栏（见图 3.10）。中央组件（central widget）代表主窗口的内容，即用户工作区。

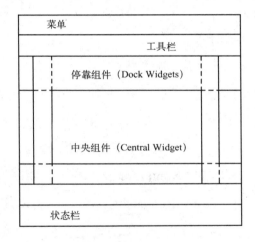

图 3.10　在桌面系统上的主窗口标准布局

当然，也可以用对话框或 Widget 创建一个类似于主窗口的布局。但主窗口用起来更方便，并能够保证在不同的平台上保持与平台一致的外观。例如，在 Symbian 平台上，主窗口菜单会自动映射到左软键的 Options 菜单。要创建自定义主窗口，可以从 QMainWindow 类派生。参见 3.7.3 节的示例。

3.6　系统

UI 程序通常都是基于事件驱动的。它们等待用户交互以便处理所需的任务。与不间断的轮询状态改变的方式相比（比如反复查询"用户是不是正在按下按钮"），直接将事件发送给休眠的程序可以节省大量的处理时间并延长电池的寿命。这一节我们将看一下如何使用 Qt 的事件与定时器。

3.6.1　事件

用户动作（触摸事件、键盘按下事件等）或系统（窗口第一次显示时）都会触发相应的事件。到目前为止，我们只关注如何使用预定义的 Widget，这时候你可能用不到事件。像 QPushButton 这样的 Widget 已经包含了事件处理器，这些事件处理器会发送信号以响应相应的事件，例如，当鼠标或键盘被按下时，就会发送 clicked()信号。因此，基本上只有在实现自定义 Widget 时，或者想改变当前已有的 Qt Widget 的行为时，才需要用到事件。相比之下，信号主要使用在 Widget 或程序内部的通信时。

图 3.11 通过演示鼠标按钮释放事件如何传递给按钮，揭示了事件、信号与槽三者之间的关系。首先是硬件事件被传递给了 QCoreApplication::exec()的事件循环，通过事件分发器（Event Dispatcher）将 QEvent 对象作为 QObject 虚方法 event()的参数发送给 QObject 的相应子类。上面的例子中 QObject 的子类是 QPushButton。接下来由通用的 event()方法，根据不同的事件类型调用专门处理这类事件的事件处理方法（mouseReleasedEvent()），它也使 QPushButton 发送一个 clicked()信号。该信号最后被传递给你的自定义槽，你就可以为按钮的鼠标单击事件执行相应的事件处理。

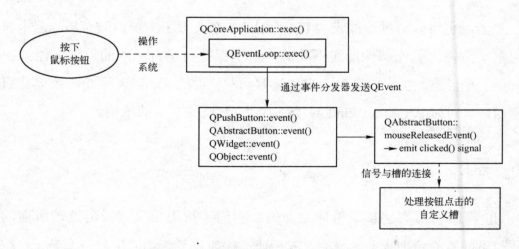

图 3.11　这个图通过一个简单的方式演示一个实际的硬件事件是

如何被转换成 QEvent，然后由自定义的槽处理这个信号

事件传递

事件有两种不同的产生方式。第一种事件是本地系统窗口事件，例如，屏幕重绘查询，主事件循环 QCoreApplication::exec()从事件队列中取得这种事件，然后把这些系统事件转换成 QEvents 对象，并发送给相应的 QObject 对象。

第二种事件是由 Qt 自己生成 QEvent 对象。这种事件在生成该事件的事件循环中处理。QTimerEvent 就是该事件类型的一个例子，这个事件在经过指定的时间后触发。

QEvent 基类只存储事件类型与事件是否被 QObject 接收对象处理过（若事件未被处理，会继续被传递给当前 QObject 对象的父对象）。一些特殊的子类，像 QMouseEvent 或 QPaintEvent 扩展了 QEvent 类，能够存储更多的事件信息，例如，鼠标位置或需要重绘的区域。

QCoreApplication 将事件分发到指定 QObject 对象的 event()方法中，该方法以 QEvent 对象作为参数。在这个方法中，不同的类通常会先检查事件类型，并决定是否要处理该事件，因此，这个方法被称为事件处理器。QWidget 类的event()方法的实现是将各种不同的事件分发到不同的事件处理函数中，例如，mouse MoveEvent()或 patientEvent()等。因此，你不必亲自写这些常见事件的处理函数代码，只需根据实际需要覆盖 QWidget 基类里相应的预定义事件处理函数即可。根据 Qt 的对象层次模型，事件会自动被分发到目标对象中，因此，你也不必显式地为这些标准事件注册事件处理器。如果需要更多的控制，你还可以自定义事件过滤器和注册其他 QObject 对象的事件。

3.6.2　定时器事件与绘制事件

定时器事件是最常见的事件之一。与前文所述的鼠标单击事件不同的是，这个事件是由 Qt 自己产生的。它主要用于在规律的时间间隔执行一些处理。闪烁的光标及动画就是很好的使用定时器的范例。QObject 基类内建了定时器支持。

下面的示例展示了如何绘制一个缓慢旋转的正方形图案，在这个例子中我们将学到定时器事件与窗口绘制事件，以及如何使用底层 API 进行窗口绘制（见图 3.12）。程序通过定时器回调，有规律地使图像重绘。正方形的旋转角度根

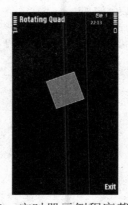

据当前的系统时间计算得出。

在程序调用 QCoreApplication::exec()开始
事件循环之前，main()函数里只是简单地创建了
一个 RotateWidget 对象，并调用 show()来显
示。这部分代码与前一个示例相同，所以，就
不在此处重复说明。当然，本程序的完整代码
可以从网络上下载。

定时器的启动方式有多种。本例直接创建
了一个 QTimer 对象，然后将它的 timeout()信号
与窗口组件的 update()槽相连。update()槽会有规律地调用 paintEvent()函数，而
另一方面 paintEvent()函数是 Widget 重绘过程的一个步骤，我们就能看到这个组
件有规律的重绘过程。

图 3.12　定时器示例程序截图。以时钟速度旋转的正方形

RotateWidget 类的头文件非常简洁。该类是窗口 Widget，因此，它间接地
从 QObject 派生，而 QObject 是所有事件与定时器的基础。为使用底层 API 绘制
组件，该类覆盖了 QWidget 基类的 patientEvent(QPatientEvent*)方法，作为事件
处理器响应所有的绘制事件。

```
1 class RotateWidget : public QWidget
2 {
3 public:
4     RotateWidget(QWidget* parent = 0);
5
6 protected:
7     void paintEvent(QPaintEvent* event);
8 };
```

在 RotateWidget 类构造函数中，第一步就是创建一个新的定时器对象，即
创建 QTimer 类的实例，并将 this 指针作为构造参数提供给该对象，作为该对象
的父对象。这样定时器对象就成为窗口组件的子对象，在 RotateWidget 对象被
删除时，该定时器也会被删除。

```
1 RotateWidget::RotateWidget(QWidget* parent)
2         : QWidget(parent)
```

```
3  {
4      QTimer* timer = new QTimer(this);
5      connect(timer, SIGNAL(timeout()), this, SLOT(update()));
6      timer->start(50);
7
8      setWindowTitle(tr("Rotating Quad"));
9      resize(360, 360);
10 }
```

绘制事件发生时，会调用 patientEvent()方法处理该事件。绘制事件可由 repaint()或 udpate()方法产生（本例使用 update()方法），或者在被覆盖的窗口变得可见时产生。Qt 自动管理双缓冲输出，即各个单独绘制操作做出的改变直到 paintEvent()方法结束时才会被复制到屏幕上，这样做能防止屏幕闪烁。

QPatientEvent 参数包含绘制事件的事件参数，其中最重要的参数是要更新的窗口区域信息。只绘制某个特定的区域内容而不是绘制整个窗口的内容，可以显著提高窗口重绘效率，特别是在移动平台上。但在我们的示例中，只需简单地对整个窗口进行重绘，所以，就不需要"重绘区域"这个参数了。

```
1  void RotateWidget::paintEvent(QPaintEvent*)
2  {
3      QPainter painter(this);
4      painter.setRenderHint(QPainter::Antialiasing);
5      QColor quadColor(0, 0, 255);
6      painter.setBrush(quadColor);
7
8      QTime time = QTime::currentTime();
9      painter.translate(width() / 2, height() / 2);
10     painter.rotate((time.second() + (time.msec() / 1000.0)) * 6.0);
11
12     painter.drawRect(QRect(-50, -50, 100, 100));
13 }
```

在 paintEvent()方法中，我们先创建一个 QPainter 对象。这个类用于在窗口组件或其他可绘制设备上（例如，位图对象或打印机）执行底层的绘制工作。该类提供了许多便捷的方法，可以绘制各种简单的或复杂的形状，还可以绘制文本和位图。

接下来的几行代码对 QPainter 对象的设置进行了一些调整。首先是开启反锯齿功能，该功能使用不同透明度的方式让绘制出来的矩形边沿显得更加平滑。下一步将画刷（Brush）的颜色设置成蓝色，画刷定义图形对象的填充色及纹理（Pattern），而画笔（Pen）则定义图形对象轮廓的样式。

后面三行代码计算方形图案的位置及旋转角度。它的旋转角度由当前时间的秒与毫秒直接得出。该计算方式可以很容易地把这个程序扩展成为一个指针式的时钟（Qt 文档中有一个时钟的示例）。首先将 painter 对象的坐标系平移到窗口 Widget 的中心，然后调用 rotate()方法将它的坐标系根据当前的秒数旋转相应的角度。

最后一行代码在（−50，−50）坐标处绘制一个大小为 100 × 100 的方形图案，这样才能让它以平移并旋转后的坐标系原点为中心。

运行该程序，你会看到方形图案慢慢地顺时针旋转。图 3.12 是该程序在 Symbian 系统上的截图。

另外，还可以通过 QObject 基类的 startTimer()方法直接启动定时器，而不必创建 QTimer 对象。startTimer()方法会返回一个 ID，该 ID 表示一个定时器对象，可以通过该 ID 控制定时器对象。与 QTimer 对象相比，使用 startTimer()方法无法直接与槽相连，但是 QObject 派生类的 timerEvent()方法会被周期性地调用。当然，只有 QTimer 支持一次性定时器（而不是周期性定时器），虽然在本例中不需要用到这种方式，但这是很有用的一种定时方式。

3.7　通信

在移动电话上，通信几乎是每个应用程序的必备功能。与 Jave ME 的通用连接框架（Generic Connection Framework）相似，Qt 提供了基于流接口的通信功能，简化了各种不同"设备"，像套接字、文件甚至进程之间的通信。这种方式不但可以通过基类轻松地更换目标设备，而且在开发分布式程序或 C/S 程序时，相同的代码既可以用在 Symbian 手机上，也可以用在 PC/服务器上（例如，基于 Linux 的系统）。

3.7.1 输入输出

图 3.13 说明了 QIODevice 抽象基类及其派生类之间的关系。图 3.13 中包括几个与套接字相关的类，用于读/写 QByteArrary 数据的 QBuffer，用于访问本地文件、嵌入式资源及临时文件的几个文件相关类，最后是 QProcess 类用于进程间通信。显然，这些设备的行为各不相同，因此，QIODevice 只实现了所有设备共有的输入输出操作最小功能集。

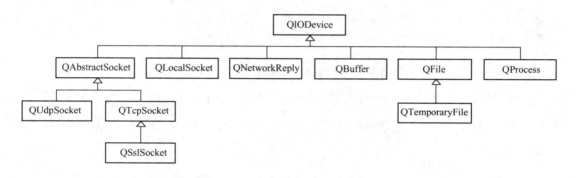

图3.13 QIODevice 抽象基类及其派生类之间的关系

所有这些设备最大的区别是数据的读取方式。套接字及进程属于顺序访问设备，数据必须依照顺序读取。而文件及 QBuffer 是随机访问设备，这些设备可以使用 seek()函数从任意位置开始读取数据。

与 Java IO 不同的是，Qt 提供了额外的高级流处理类，简化了 Qt 数据类型与字节流之间的读/写。QDataStream 提供了二进制数据的序列化/反序列化功能，不但可以处理 Qt 数据类型，还可以处理标准 C++数据类型。通过重载"<<"与">>"操作符，还可以处理自定义数据类型。对基于文本的数据，QTextStream 类提供了读/写单词、行及数字的功能。

QDataStream 与 QTextStream 这两个流处理类还会处理一些底层细节，如字节顺序及文本编码，因此，它们对于开发国际化和跨平台的程序非常有帮助。

3.7.2 文件与流

为了演示文件与数据流的用法，我们将编写一个没有 GUI 的控制台程序。与前两个示例相比不同的是，控制台程序只需要 QtCore 模块即可。在 Windows

Qt 开发 Symbian 应用权威指南

平台上，只需要添加设置"console"到工程文件（.pro 文件），即可启用控制台输出功能。对 Mac OS X 来说，还要添加一行设置让 qmake 不要把可执行代码放到捆绑包中（Bundle，Mac OS X 里将一个应用程序相关的各种文件捆绑在同一个特殊目录里的形式——译者注）。

```
1  TEMPLATE=app
2  QT=core
3  CONFIG+=console
4  CONFIG-=app_bundle
5  SOURCES+=main.cpp
```

这个程序不需要使用 QCoreApplication 对象，因为 QFile 不需要事件循环，程序按顺序执行完整的 main()函数的代码后就结束了。程序分为两部分，第一部分先新建一个文件，再把 3 个不同变量序列化（写入）到文件里，第二部分再将这些变量读取回来。

```
1  #include <QtCore>
2  #include <QDebug>
3  #include <iostream>
4  #include <stdio.h>
5
6  int main(int argc, char* argv[])
7  {
8      // Writing a file
9      QFile outFile("data.dat");
10     if (!outFile.open(QIODevice::WriteOnly)) {
11         std::cerr << "Cannot open file for writing: " <<
12                 outFile.errorString().toStdString() << std::endl;
13         return 1;
14     }
15
16     QDataStream out(&outFile);
17     out.setVersion(QDataStream::Qt_4_5);
18
19     quint32 outValue = 12345678;
20     QTime outTime = QTime::currentTime();
21     QVariant outVar("Some text");
22
```

```
23      out << outValue << outTime << outVar;
24      outFile.close();
25
26      // (continued in next listing)
```

首先，程序试着打开名为 data.dat 的文件用于写入数据。如果打开失败，就打印错误信息。错误信息使用标准错误流（std::cerr）输出，默认的标准错误流是定向到控制台。outFile.errorString()返回值类型为 QString，因此，需要调用 toStdString()将其转换为 std::string，才能使用<iostream>中的 "<<" 重载操作符输出。

如果文件已经正确地打开，就用 QFile 对象（基类是 QIODevice）作为构造参数创建一个 QDataStream 对象。在示例中，这个流类使用重载的 "operator <<()" 操作符将 3 种不同类型的变量写入到文件中。自 Qt1.0 以来，QDataStream 对象的二进制形式多年来一直在变化，未来也将继续变化。因此，为保持向前及向后兼容，在程序中对版本进行硬编码是非常有用的（例如，使用 Qdata Stream::Qt_4_5 这样的硬编码）。这样可以确保数据的读/写方式保持一致。

需要说明的是，QDataStream 产生的数据是与平台无关的。你可以将数据从基于 ARM 架构的手持设备上通过网络连接传送到基于 Intel 架构的 PC 上，而不会发生任何问题。从图 3.14 中可以看到，Qt 默认使用大尾序（Big Endian）对数据编码（参见图中 out 对象的 QDataStream::ByteOrder 属性）。数据格式 QDataStream::Qt_4_5 是个枚举值，就是十进制的 11。

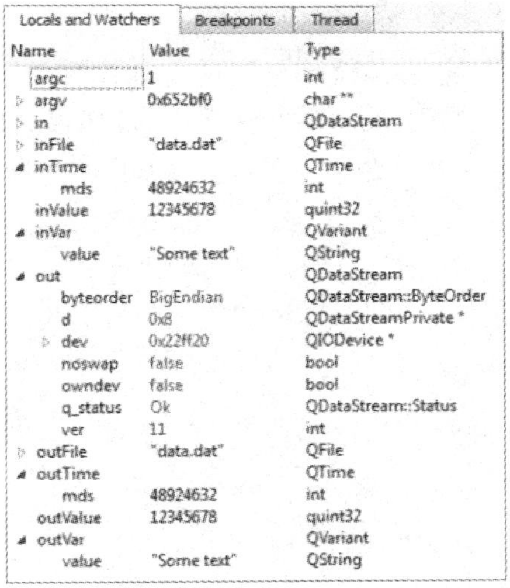

如果我们操作的是 "配置文件"（即保存程序设置信息的文件），最好是修改上面的代码，在设置文件中加入一段简短的文件头。文件头可以包含一个魔术字符串，这样可以与其他程序产生的文件区分开来。如果你想在未来的版本中扩展该设置文件，加入版本数有助于在新程序中正确导入旧版的设置文件。更多信

图 3.14 Qt Creator 调试视图中 QDataStream 的属性

息可参见 QDataStream 文档中的示例。

第三个变量的类型是 QVariant，这是一个非常强大的数据类型。它就像含有所有 Qt 常用数据的联合体（Union）。它存储一种数据类型，并能够在不同的类型之间转换。在示例中，QVariant 包含一个 QString。为确保序列化/反序列化时变量的内容保持不变，QVariant 还会在流中保存变量的类型，以便能够使用 QVariant 读回数据。

因为 outFile 对象是在栈上创建的，因此，在变量超出它的作用域时它会自动关闭文件。从资源利用及安全性角度讲，当资源不再使用时，及时释放它们是一个好习惯。

从文件中读取数据的方式与写入数据的方式差不多。在打开文件并创建 QDataStream 对象后，我们设置了流的版本以确保兼容性。下一步，将 3 个变量按相同的顺序读回来。

```
1   // Reading a file (continued from previous listing)
2   QFile inFile("data.dat");
3   if (!inFile.open(QIODevice::ReadOnly)) {
4       std::cerr << "Cannot open file for reading: " <<
5                   inFile.errorString().toStdString() << std::endl;
6       return 1;
7   }
8
9   QDataStream in(&inFile);
10  in.setVersion(QDataStream::Qt_4_5);
11
12  quint32 inValue;
13  QTime inTime;
14  QVariant inVar;
15
16  // Read values in same order as they were written
17  in >> inValue >> inTime >> inVar;
18
19  qDebug() << "Variant type:" << inVar.typeName() <<
20      ", contents:" << inVar.toString();
21
22  inFile.close();
```

```
23    return 0;
24 }
```

QVariant 的变量 inVar 能够识别之前写入到文件中的数据类型。调试输出行打印出变量的类型（以文本形式），而变量内容以 QString 的方式输出：

```
Variant type: QString, contents: "Some text"
```

在输出流的时候不是使用<iostream>提供的标准输出流，而是使用全局函数 qDebug()（必须包含头文件<QDebug>）。默认地，在 UNIX/X11 及 Mac OS X 平台上，该函数将文本输出到 stderr（标准错误流）；在 Windows 平台上，会输出到调试窗口。流的另一个优点是处理像 QString 这样的 Qt 数据类型时，可以直接把它们序列化，而不用转换成 std::string 或 char*。

你可以像示例这样，使用二进制格式这种简洁的方式存储数据，借助 QDataStream 类就可以轻易实现。如前文所述，QTextStream 类专门用于文本的序列化，并可以处理不同的字符编码。如果你更喜欢使用底层 API 处理数据，那么可以直接使用 QIODevice 的 write()与 readAll()函数，而不必使用高级的流处理类。

3.7.3　网络与 XML

上一节所述的 QFile 隶属于每个 Qt 程序都需要用到的模块——QtCore 模块，但若想使用网络通信功能，那么就要用到 QtNetwork 模块。在你的 qmake 工程文件中添加如下代码即可使用 QtNetwork 模块：

```
QT += network
```

在程序代码中只需像我们前面做的那样，简单地包含用到的 Qt 类头文件即可。或者你也可以直接包含<QtNetwork>，该文件包含了 QtNetwork 模块所提供的所有类的头文件。

QtNetwork 模块提供的类支持使用 TCP 与 UDP 协议通信，也支持主机名称解析并支持代理服务器。另外，它还提供了高级 HTTP 协议（通过网络管理器）及 FTP 协议的封装类，以便开发人员使用。

TCP 与 UDP

TCP 通信协议是基于流的，由 QTcpSocket 类实现。移动设备程序一般更喜欢用底层的 TCP 连接而不是 HTTP 连接，因为 TCP 使用更少的附加数据，因而在常常速度较慢的无线网络连接中不会发送太多数据。

你可以直接使用 QTcpSocket 类实例处理网络通信，也可以通过继承 QTcpSocket 类，自定义类的行为。该类的所有操作都是异步的，在状态改变或错误发生时，都会发射相应的信号。

QTcpSocket 间接继承自 QIODevice，因此，你可以直接使用前面介绍过的 QDataStream 与 QTextStream 处理套接字（参见 3.7.2 节）。通过套接字的 read() 与 write() 方法也可以直接传输字节数据，而不必使用高级数据类型。

QTcpServer 类可用于处理 TCP 连接请求。根据可同时连接客户端的最大数量，你可以轻易地实现一个使用独立线程处理每个客户端请求的 TCP 服务器。若想知道单线程服务器与更强大的多线程服务器之间的区别，可阅读 Qt SDK 提供的 Fortune Server 示例。

受限于 UDP 连接的特性，实现一个 UDP 服务器时并不需要额外的服务器类，只要将 QUdpSocket 类的 bind() 方法绑定到一个含特定地址及端口的套接字即可。UDP 通过数据报传输数据，每个数据报文都包含目标地址及数据，数据报文一般都较小。除了以上这些区别，QUdpSocket 类的行为与 QTcpSocket 类相似。

高层次网络操作

Qt 也提供了一些高层的类可以使用常见的网络协议进行网络操作。QNetworkAccessManager 类负责协调多个网络请求，每个请求都是一个 QNetworkRequest 实例。每个请求都包含像请求头（Request Header）及 URL 这样的信息。当请求通过网络发送时，QNetworkAccessManager 分别为每个请求创建 QNetworkReply 对象，可以通过 QNetworkReply 对象检查每个请求的状态，也可以通过 QNetworkAccessManager 的信号监视请求的状态。

目前网络管理器类允许使用 HTTP、FTP 及文件访问协议，并支持授权、加密、cookie 及代理。QFtp 及 QFile 是专门用于处理相应协议的类。QHttp 类目前已被前文所述的功能更强大的网络请求类管理类 QNetworkAccessManager 所取代。

HTTP 是一种基于 TCP 的较高层协议。它是一种无状态协议，其中，请求与响应总是具有自我描述的特点（相关的状态信息都与数据一起发送——译者注）。这种协议在网页浏览器中广泛使用，当浏览器向服务器请求一个网站页面后，服务器会返回相应的页面内容。

在移动领域里，基于 HTTP 的 Web 服务远比打开整个网页有用得多。客户端只向服务器请求特定的数据，然后服务器通常将数据格式化成一个 XML 文件发给客户端，客户端就可以很容易地解析这个 XML 文件并获取所请求的信息。这个概念也在 AJAX（Asynchronous JavaScript and XML）中应用并使 Web 2.0 的概念一举成名。

XML

Qt 提供了 3 种 XML 解析方式，并封装在 XML 模块中。向 qmake 工程文件添加 XML 模块的方式与添加 network 模块的方式一样。

最灵活的 XML 数据解析方式是使用 DOM（Document Object Model）来读/写 XML 文件，DOM 是 W3C 标准之一。解析 XML 文件时，QDomDocument 类会创建一个包含 XML 文件中所有节点的层次结构树。这种 XML 解析方式为 Web 浏览器这样的程序提供了方便，因为它们以非连续的方式访问 XML/XHTML 文件中的元素。另外，DOM 树还可以轻松地转换回 XML 文件。这种 XML 解析方式有一个显而易见的缺点：它需要大量的内存存储整个文件的内容，这在内存有限的移动设备上显得尤为突兀。

XML 简易 API（Simple API for XML，SAX）则属于轻量级的解析方式。在解析 XML 文档时，SAX 解析器（QXmlSimpleReader）会触发各种事件，例如，每次解析到标签的开始或结束位置时会发送相应的事件。通过重载事件处理虚函数，你就可以把程序逻辑与 SAX 解析器整合在一起。与 DOM 相比，SAX 是一种简洁快速的解析方式，但它在数据类型处理方面有先天不足，因为数据在解析之后会立即被丢弃。另一个缺点是解析 XML 的源代码不易读懂，因为程序的处理逻辑分散在根据标签类型调用的不同回调函数中，而不是根据已解析的内容来决定程序逻辑。

QXmlStreamReader 类改善了 SAX 的这些缺点。解析 XML 文件时，应用程序不必再为不同的标签提供不同的事件处理函数（回调函数）。相反，程序可以控制文件的解析过程，用类的方法一个接一个地遍历这些符号（Token），就像是 XML 文件的智能迭代器。

对于需要从 XML 中搜索数据或转换 XML 这样的任务来说，XQuery/XPath 语言是非常适合的。它也是 W3C 的标准之一，用于解决 XML 智能数据查询的需要。它的主要优点是不需要用 C++编写手工处理的程序，而是直接返回简单文本格式的结果。在 Qt 里 QtXmlPatterns 提供了一个 XQuery/XPath 的实现方案。

示例：Geocoding Web 服务（谷歌地理编码服务）

为演示 HTTP、XML APIs 及主窗口的使用，接下来的例子将为 Google Geocoding Web 服务提供一个简单的用户界面，示例截图如图 3.15 所示。

在程序界面的顶部有一个文本框，可以输入一个你想要查询的地理名称或地址，单击 OK 按钮后会发送一个 HTTP 请求给 Google Geocoding Web 服务，服务响应信息以 XML 文件的形式返回，该 XML 文件包含所查询位置的经度与纬度。之后通过 QXmlStreamReader 解析这个 XML 文件，最后将解析出来的所查地点的坐标转换成数字，并显示到第二个文本框上。

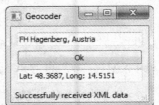

图 3.15 通过解析谷歌地理编码服务输出的谷歌地图数据来演示如何使用 HTTP 及 XML 解析器

当搜索"FH Hagenberg, Austria"时，Geocoding API 将结果以 XML 文件的形式返回，下面就是 XML 文件的部分内容——整个 XML 文件还包含其他的信息。在返回的 XML 文件中，kml（Keyhole Markup Language，钥匙孔标记语言）数据包含关于所查位置的信息，包括地标完整地址、在地图上的区域范围，以及这个区域的中心点。这个中心点的元素名为<coordinates>，包含经度、纬度，可能还有海拔信息（若无海拔信息，其值为 0）。

```
1 <kml>
2     <Response>
```

```
3        <name>FH Hagenberg, Austria</name>
4        <Placemark id="p1">
5            <address>
6                Fachhochschule Hagenberg, 4232 Hagenberg im Mühlkreis,
7                Österreich
8            </address>
9            <ExtendedData>
10               <LatLonBox north="48.3760743" south="48.3612490"
11                          east="14.5310893" west="14.4990745"/>
12           </ExtendedData>
13           <Point>
14               <coordinates>14.5150819,48.3686622,0</coordinates>
15           </Point>
16       </Placemark>
17   </Response>
18 </kml>
```

　　如前文所述，使用 Qt 的网络及 XML 类时，需要将相应的模块添加到 Qt 工程文件中。在为 Symbian 平台做开发时，还要考虑平台安全性（Platform Security）的问题。这个概念是指程序在访问与 Symbian 系统安全相关的 API 时，需要在编译时就指定程序所需要的能力（Capabilities）。例如，必须在工程文件中指出可能需要的网络服务能力（NetworkServices），否则你的程序就不能访问网络。

　　另外，用于给程序安装包签名的证书，也要有足够的权限才能提供所需要的能力。在默认状态下第一次生成程序时，IDEs 会在你的 PC 上创建一个自签名证书。虽然这个证书有足够的权限提供像网络访问这样的基本能力，但是在安装程序时仍会显示一条安全警告信息，告知用户程序可能会做些什么，并且该程序的来源不可信。对于要商业发布的程序，或是想访问更多受限的功能，比如对整个系统模拟按键，那么自签名证书的权限就不够了。参见Symbian Signed网站，可获取关于如何使用这些能力进行开发，以及如何获取受信任的商业版证书的信息。

　　对我们这个网络服务的例子来说，如果程序在 Symbian 设备上安装时我们并不在乎安装期间的警告信息，那么使用标准的自签名证书就已经足够了。但是别忘了向工程文件添加所需要的网络服务，如果没有添加，那么程序运行时创建网络连接就会出错。

```
1  HEADERS += xmldataview.h
2  SOURCES += xmldataview.cpp\
3      main.cpp
4  QT += network xml
5  symbian:TARGET.CAPABILITY = NetworkServices
```

界面设置

像普通程序一样，main()函数简单地创建了一个名为 XmlDataView 的 UI 类实例。如果应用程序在 Symbian 设备上运行，它就会以全屏方式显示（Symbian 系统上很少使用非全屏的程序），而在桌面系统上，窗口会以系统默认大小显示。源代码中的预处理器可用于区分这两种情况。

```
1  int main(int argc, char* argv[])
2  {
3      QApplication app(argc, argv);
4      XmlDataView geoWindow;
5  #if defined(Q_OS_SYMBIAN)
6      geoWindow.showMaximized();
7  #else
8      geoWindow.show();
9  #endif
10     return app.exec();
11 }
```

XmlDataView 类派生自 QMainWindow，在 3.5.3 节中已经介绍过 QmainWindow。下面是 XmlDataView 类的声明：

```
1  class XmlDataView : public QMainWindow
2  {
3      Q_OBJECT
4  public:
5      XmlDataView(QWidget* parent = 0);
6
7  public slots:
8      // Send the HTTP request to retrieve the resulting XML file
9      void retrieveXml();
```

```
10    // Handle the network response, which contains the XML file
11    void handleNetworkData(QNetworkReply *networkReply);
12
13  private:
14    // Private function that parses the XML returned from the web service.
15    void parseXml(const QString &data);
16
17  private:
18    QNetworkAccessManager networkManager;
19
20    // Ui-Elements
21    QLineEdit* locationEdit;
22    QLineEdit* resultEdit;
23
24    // Parsed coordinates from the XML file
25    QString coordinates;
26  };
```

这个类提供了两个槽，负责响应 UI 及网络连接发出的信号。类保存两个 QLineEdit 对象作为成员变量，因为程序需要存取它们的文本内容。我们不需要保存 OK 按钮的指针，因为我们只需将它的 clicked()信号与槽连接就可以了。所有的 UI 组件都被设置为主窗口中央组件的子对象，这样在主窗口销毁时，也会按照 Qt 对象层次结构模型自动销毁这些子对象（参见 3.2.2 节）。

现在让我们看一下这个类的实现：

```
1  XmlDataView::XmlDataView(QWidget* parent)
2        : QMainWindow(parent)
3  {
4    setWindowTitle(tr("Geocoder"));
5    statusBar()->showMessage(tr("Welcome"));
6
7    QWidget* cw = new QWidget();
8    QVBoxLayout* lay = new QVBoxLayout(cw);
9    locationEdit = new QLineEdit();
10   lay->addWidget(locationEdit);
11   QPushButton* okButton = new QPushButton(tr("Ok"));
12   lay->addWidget(okButton);
13   resultEdit = new QLineEdit();
```

```
14    lay->addWidget(resultEdit);
15    setCentralWidget(cw);
16
17    connect(locationEdit, SIGNAL(returnPressed()),
18        this, SLOT(retrieveXml()));
19    connect(okButton, SIGNAL(clicked()),
20        this, SLOT(retrieveXml()));
21    connect(&networkManager, SIGNAL(finished(QNetworkReply*)),
22        this, SLOT(handleNetworkData(QNetworkReply*)));
23 }
```

这个构造函数里几乎没有什么特别之处，它首先对 UI 进行了一些设置。主窗口的状态栏用于通知用户程序当前状态。接着创建一个类型为 QWidget 的组件，并调用主窗口的 setCentralWidget()函数将它设置为中央组件，除了作为主窗口的中央组件，它还是布局管理器及 3 个 UI 元素的父对象。

构造函数的最后一部分将所需要的信号与槽进行连接。前两个信号-槽连接让两种方法都能创建网络连接：单击 OK 按钮或者在 locationEdit 文本框有焦点时按回车键，都会调用 retriveXml()槽。

这里我们并不跟踪每个连接请求的进度，而只是简单地将网络管理器的 finished()信号与 handleNetworkData()槽相连。正如其名称所暗示的，当网络请求处理结束时就会引发 finished()信号。

发送 HTTP 请求

下面看一下 retrieveXml()槽的处理逻辑：

```
1  void XmlDataView::retrieveXml()
2  {
3     QString query = locationEdit->text();
4     if (query.isEmpty())
5         return;
6     query.replace(' ', '+');
7
8     QUrl url("http://maps.google.com/maps/geo");
9     url.addEncodedQueryItem("q", query.toUtf8());
10    url.addEncodedQueryItem("output", "xml");
11    url.addEncodedQueryItem("oe", "utf8");
12    url.addEncodedQueryItem("sensor", "false");
```

```
13    url.addEncodedQueryItem("key", "abcdefg");
14
15    networkManager.get(QNetworkRequest(url));
16 }
```

该函数首先从 locationEdit 组件读取文本，然后将空格字符替换成 "+" 字符，最后利用 QUrl 类将要查询的位置字符串嵌入到查询 URL 中。QUrl 类提供了一组处理 URLs 的简便接口，addEncodedQueryItem()方法为网络请求添加参数，它会自动将非 ASCII 和控制字符编码成百分号格式（注意，此处与 Qt 官方文档不符，addEncodedQueryItem 并不做任何编码，此处应该用 addQueryItem 做不完全编码或者用 toPercentEncoding 事先做编码——译者注）。谷歌地理信息访问键（Key）abcdefg 只作为演示用，可以从 Google 免费获取你自己的键值。最后用 get()方法提交请求，该方法立即返回，而请求被放到队列里在 Qt 事件循环中异步执行。

解析 XML 响应

由于我们在前面的构造函数中设置了信号-槽连接，因此一收到网络响应，Qt 就会调用 handleNetworkData()槽：

```
1 void XmlDataView::handleNetworkData(QNetworkReply *networkReply)
2 {
3     if (!networkReply->error())
4         parseXml(networkReply->readAll());
5     else
6         statusBar()->showMessage(tr("Network error: %1").arg(networkReply
            ->errorString()));
7     networkReply->deleteLater();
8 }
```

如果网络请求执行成功，那么就调用下面的私有函数 parseXml()，否则就在主窗口的状态栏上打印错误信息。处理完响应之后，调用 deleteLater()请求延迟销毁响应对象，等程序控制一回到事件循环，对象就会被销毁。

```
1 void XmlDataView::parseXml(const QString &data)
2 {
3     QXmlStreamReader xml(data);
4     coordinates.clear();
```

```
5    while (!xml.atEnd()) {
6        xml.readNext();
7        if (xml.tokenType() == QXmlStreamReader::StartElement)
8        {
9            if (xml.name() == "coordinates")
10           {
11               coordinates = xml.readElementText();
12               QStringList l = coordinates.split(',');
13               if (l.count() == 3) {
14               statusBar()->showMessage(tr("Successfully receivedXML
                     data"));
15               double longitude = l.at(0).toDouble();
16               double latitude = l.at(1).toDouble();
17               resultEdit->setText("Lat: " + QString::number(
                     latitude)
18                                   +", Long: " + QString::number(
                                         longitude));
19               }
20           }
21       }
22   }
23   if (coordinates.isEmpty())
24   {
25       statusBar()->showMessage(tr("No valid coordinates found in
             network reply"));
26   }
27   if (xml.error()) {
28       qWarning() << "XML ERROR:" << xml.error() << ": " << xml.
             errorString() << " (line " << xml.lineNumber() << ")";
29   }
30 }
```

parseXml()函数中的 QXmlStreamReader 类就像一个迭代器，while 循环调用
xml.atEnd()函数检查当前解析位置是否已经到达数据的结尾，当然也可能是解析
XML 文档时发生了错误而停止循环（例如，XML 文档的格式错误，即没有遵循
XML 语法规则）。

如果 XML 解析器未到达数据的结尾，readNext()函数会跳到下一个标记处
（例如，文本或元素的开始或结束标记），我们只对 XML 元素的开始标签的名称
感兴趣，而且只寻找 coordinates 标签，一旦找到该标签，readElementText()函数

就继续读取流，直到这个 XML 元素的结束标签，然后返回这之间的所有文本，最后将文本放到坐标字符串变量里面。

如果 Geocoding API 正确响应了我们的请求，那么 QString coordinates 成员变量就包含了地标的经度、纬度及海拔信息，这 3 个值是用逗号隔开的。使用逗号分隔字符串并保存到一个 QStringList 对象中，其中 QStringList 是个字符串列表（派生自 QList<QString>）。如果字符串确实包含我们所需要的 3 个值，就将这个字符串设置到 resultEdit 组件上，作为它的新文本。

至此 Geocoding 示例就结束了，这个示例实现了本章介绍的许多概念。现在你应该对 Qt 基础知识有了很好的了解，并且为编写你自己程序的第一步做好了准备。当然，Qt 还提供了许多更有趣的功能与模块，比如数据模型（Data Models）、SQL、线程，以及更高级的图形图像功能。这些也都值得我们学习，但从现在开始，你应该自己进行深入研究，学习更多的 Qt 知识并且在你的 Symbian 手机上付诸实践。

参考文献

Blanchette J and Summerfield M 2006 *C++ GUI Programming with Qt 4.* Prentice Hall PTR, Upper Saddle River, NJ.

Ezust A and Ezust P 2006 An Introduction to Design Patterns in C++ with Qt 4 (Bruce Perens Open Source). Prentice Hall PTR, Upper Saddle River, NJ.

Jakl A 2009 Symbian course materials: http://www.symbianresources.com/.

Molkentin D 2007 The Book of Qt 4: The Art of Building Qt Applications. No Starch Press, San Francisco.

Qt Development Frameworks 2009 Qt reference documentation: http://qt.nokia.com/doc/.

Thelin J 2004 The independent Qt tutorial:

http://www.digitalfanatics.org/projects/qt_tutorial/chapter02.html.

第4章 Qt Mobility APIs

Tommi Mikkonen, Tony Torp and Frank H.P. Fitzek

本章介绍最基本的 Qt Mobility APIs。这组 API 的目的是让 Qt 应用程序可以使用手机的各种功能。这组 API 使用起来非常方便,并且是为跨平台而设计的。

4.1 简介

在前一章里,我们介绍了通用跨平台 Qt(General Cross-platform Qt)的主要概念。我们可以看到 Qt 框架为开发跨平台的程序界面提供了强有力的支持和手段。除此以外,Qt 的通用跨平台部分也实现了一些最重要的系统 API,例如,网络、文件相关操作和多线程等一些在移动和桌面平台都有的系统功能。因此,为了进行跨平台开发,这些 API 都自然地被整合进了通用 Qt 开发系统。

然而,移动设备(例如手机)有很多特殊的功能并不在一般的跨平台 Qt 库中。例如,定位信息和手机短信系统等就是只在移动设备上才有的典型功能。因为 Qt 现在已经支持多个手机平台,所以,实现一套能在跨平台环境中使用各种手机功能的新 Qt API 就变得很有必要。Qt Mobility 开发包所实现的这套 API 可以访问最常见的一些手机功能,而开发者不必使用本地代码,例如 Symbian C++。

Qt Moblity1.0 版(http://qt.gitorious.org/qt-mobility)为 Qt 提供了一组新的 API(翻译本书时 Qt Mobility 最新版本为 1.1 —— 译者注)。这些 API 提供其他

手机应用程序开发语言（如 Python 和 Java）都有的一些常见功能。此外，就像其他手机开发库一样，这些 API 能在同一框架内让开发者轻松地把与手机相关的功能应用到手机、上网本和桌面计算机上，前提是这些设备能提供这些功能。

　　Qt Mobility API 是真正的跨平台 API。这个框架不但用简化相关技术用法的方式改善了手机开发的体验，还使这些技术的应用范围超越了手机平台。因此，源代码可以在（本书所讲的）Symbian 平台以外的地方重用。

　　下面我们将简要介绍 Qt Mobility API，其中英文对照见图 4.1。

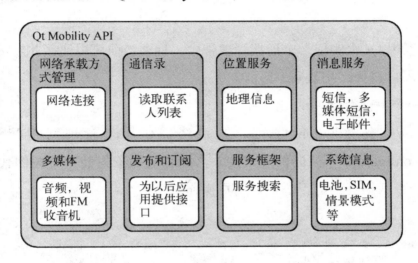

图 4.1　Qt Mobility API 的中英文对照

4.2　网络承载方式管理

　　网络承载方式管理（Bearer Management APIs）的目标是：在不同的 IP 网络接入方式和 3G 连接的列表中查找最佳可用连接时，减少开发者的麻烦。用户既可以选择最佳连接，也可以让它自动选择连接——这样可以在 WLAN 漫游时进行无缝切换。

　　网络承载方式管理 API 可以控制系统的连接状态，用户可以用它开始或者结束通信信道以及在接入点直接无缝漫游。

　　下面是一些使用网络承载方式管理功能的例子：

- 当需要时使用适当的接入点。用户打开浏览器，从可用列表中自动选择恰当的接入点并且建立连接。

- 对于始终在线的应用，例如，电子邮件或者即时通信软件，可以自动在手机网络和无线局域网之间漫游。应用开发人员可以控制这个过程，例如，应用程序可以根据需要在创建使用新承载方式（如 WiFi）的 TCP 连接后，自如地关闭使用旧承载方式的 TCP 连接（如 GPRS）。

- 应用开发人员可以创建一个自定义界面，让用户选择用于这个应用的连接。

- 可以用 Qt 来实现一个连接管理程序，列举当前可用连接并显示出来，再让用户选择连接或断开连接。

创建一个网络会话

QNetworkConfigurationManager 是系统提供用于管理网络配置的类。QNetworkConfiguration 类提供一个接入点配置的抽象封装。下面的代码演示了如何建立一个网络会话而无需任何用户操作：

```
1   QNetworkConfigurationManager configurationManager;
2   const bool canStartAccessPoint = (configurationManager.capabilities()
          & QNetworkConfigurationManager::BearerManagement);
3   QNetworkConfiguration configuration = manager.defaultConfiguration();
4   if ( configuration.isValid() || !canStartAccessPoint )
5       return;
6    switch( configuration.type() ) {
7       case QNetworkConfiguration::InternetAccessPoint:
8           // 系统立刻开启 IAP(互联网接入点)
9           break;
10      case QNetworkConfiguration::ServiceNetwork:
11          //系统判断最佳可用 IAP 并立即开启它
12          break;
13      case QNetworkConfiguration::UserChoice:
14          // 用户选择接入点
15          break;
16   }
17   QNetworkSession* session = new QNetworkSession( configuration );
18   session->open();
```

4.3 通讯录

手机最基本的用途就是与人通信，而建立通信最常见的方式就是选择一个已有的联系人。由此引出的另一个用途就是管理手机上的通讯录。因此，在手机开发人员看来，这是 Qt Mobility 应该提供的最重要的功能。

4.4 通讯录 API

这个 API 定义了通讯录的联系人数据的结构和从本地或远程后端获取联系人数据的方法。用此 API 可以对联系人信息进行创建、编辑、遍历、删除和查找操作，数据可以存储在本地也可以是远端（指服务器——译者注）。

4.4.1 创建一个新联系人

要新建一个联系人，可以创建一个 QContact 对象的实例并向里面添加具体内容，然后用 QContactManager 类保存。下面的代码示范了如何进行此操作：

```
1 QContactManager* contactManager = new QContactManager( this );
2 QContact homer;
3
4 // 新建姓名信息
5 QContactName name;
6 name.setFirst("Homer");
7 name.setLast("Simpson");
8 name.setCustomLabel("Homie");
9 homer.saveDetail(&name);
10
11 // 新建电话号码信息
12 QContactPhoneNumber number;
13 number.setContexts(QContactDetail::ContextHome);
14 number.setSubTypes(QContactPhoneNumber::SubTypeMobile);
15 number.setNumber("555112233");
16 homer.saveDetail(&number);
17 homer.setPreferredDetail("DialAction", number);
```

```
18
19 // 新建地址信息
20 QContactAddress address;
21 address.setCountry("USA");
22 address.setRegion("Springfield");
23 address.setPostCode("33220");
24 homer.saveDetail(&address);
25
26 // 把联系人保存到联系人数据库
27 contactManager->saveContact(&homer);
28 }
```

4.4.2　查找一个联系人信息

下面的示例演示了如何从指定的联系人条目里获取电话号码。联系人的 ID 以 QList 列表的形式获取。这个例子获取通讯录数据库中的第一个联系人，然后读取它的电话号码。

```
1 QContactManager* contactManager = new QContactManager( this );
2 QList<QContactLocalId> contactIds = contactManager->contacts();
3 QContact firstContact = contactManager->contact( contactIds.first() );
4 QString phoneNumber = firstContact.detail(QContactPhoneNumber::
     DefinitionName).value(QContactPhoneNumber::FieldNumber);
```

4.4.3　编辑联系人信息

联系人的编辑方法是先获取联系人对象，然后修改或添加所要修改的信息，最后保存更新过的联系人到联系人数据库中。整个过程在下面的代码中实现：

```
1 QContactManager* contactManager = new QContactManager( this );
2 QList<QContactLocalId> contactIds = contactManager->contacts();
3 QContact firstContact = contactManager->contact( contactIds.first() );
4
5 // 修改电话号码
6 QList<QContactDetail> numbers = firstContact.details(QContactPhoneNumber
     ::DefinitionName);
7 QContactPhoneNumber phoneNumber = numbers.value(0);
8 phoneNumber.setNumber("555123321");
```

```
9
10   // 添加电子邮件地址
11   QContactEmailAddress email;
12   email.setEmailAddress("homer.simpson@email.org");
13   email.setContexts(QContactDetail::ContextWork);
14   email.setValue("Label", "Homer's work email");
15
16   // 保存信息
17   firstContact.saveDetail(&phone);
18   firstContact.saveDetail(&email);
19
20   // 保存更新后的联系人到数据库中
21   contactManager->saveContact(&firstContact);
```

4.5　定位

移动计算的特点之一就是上下文敏感性（即根据其他软硬件信息等做出不同反应——译者注）。因为定位相关信息对许多应用来说越来越重要，所以，现在许多手机都可以获取定位信息。对于 Qt 来说，定位 API 也是一项重要的移动扩展功能。

定位 API 封装了从卫星或其他地方获取的用户基本地理信息，包括经纬度、方位、速度和高度。它可用于各种地理信息应用，如地图等。提供的信息包括：

- 设备报告位置时的日期和时间。
- 设备报告位置时的速度。
- 设备报告位置时的海拔高度。
- 设备相对于地球正北（True North）的方向角度。

新建定位数据源需要创建一个 QgeoPositionInfoSource 的子类，然后提供一个 QGeoPositionInfo 对象给 QGeoPositionInfoSource::positionUpdated()信号。需要定位数据的客户端可以连接到 positionUpdated()信号，然后调用 startUpdates()或者 requestUpdate()来触发定位信息的更新。定位 API 主要的类列表如下：

- QgeoAreaMonitor：能够探测相对一组指定坐标距离的变化（这个类用于探测对一组指定区域的相对位置变化，例如，进入或者退出区域范围 —— 译者注）。
- QGeoCoordinate：定义在地表的一个地理位置。
- QGeoPositionInfo：包含一个地理位置的各种信息，包括在特定点时的时间、位置、方向和速度等。
- QGeoPositionInfoSource：这个抽象基类用于获取位置的更新。
- QGeoSatelliteInfo：包含一颗卫星的基本信息。
- QGeoSatelliteInfoSource：此抽象基类用于获取卫星信息的更新。

查询并更新用户的位置

下面的示例演示注册用户位置改变的通知，用 QGeoPositionInfoSource 类获取手机的默认的定位源。如果有定位源，它就可以使用卫星或者其他方法进行定位。用户类必须创建源，然后调用 startUpdates()请求更新。positioning Updated()信号就会返回一个定位信息的参数，其中包括经纬度和海拔等地理信息。这些操作可用下面的代码实现：

```
1  // 获取默认定位源，如果有的话就请求更新
2  QGeoPositionInfoSource *source = QGeoPositionInfoSource::
       createDefaultSource();
3  if (source) {
4      connect(source, SIGNAL(positionUpdated(QGeoPositionInfo)), this, SLOT
           (handlePositionUpdated(QGeoPositionInfo)));
5      source->startUpdates();
6  }
7
8  // 定制获取位置更新的槽
9  void handlePositionUpdated(const QGeoPositionInfo &info)
10 {
11     double latitude = info.coordinate().latitude();
12     double longitude = info.coordinate().longitude();
13     double altitude = info.coordinate().altitude();
14 };
```

4.6 消息

消息 API 为操作 SMS、MMS 和 Email 提供了一个公共的接口。这个 API 提供了一系列与消息相关的操作，可以让消息服务检索短消息、接收消息被改变的通知、发送消息和其附件、获取消息数据和启动消息客户端显示已有的消息或者编辑消息。

新建并发送一封 Email

新建一个消息是很简单的，QMessage 用来表示一个消息对象，它可以是不同的类别，例如 Email、MMS 或者 SMS 消息。根据消息类别不同，可以添加所需的消息字段，包括消息正文、附件等。下面的代码表示创建一封新的电子邮件，然后把它发送到一个指定的邮件地址。完成这个操作可以使用 Qmessage ServiceAction 类，这个类也可以用于接收消息和附带数据以及进行其他与消息相关的操作。

```
1 QMessageServiceAction* serviceAction = new QMessageServiceAction( this );
2
3 // 新建一个 Email 消息
4 QMessage message;
5 message.setType(QMessage::Email);
6
7 // 添加所需的字段
8 message.setTo(QMessageAddress("myfriend.bestis@emailaddress",
    QMessageAddress::Email));
9 message.setSubject("Pictures from our holidays :)");
10
11 // 设置消息正文
12 message.setBody("Here you go!");
13
14 // 添加附件
15 QStringList attachments;
16 attachments.append("Picture1.jpg");
17 attachments.append("Picture2.jpg");
18 message.appendAttachments(paths);、
```

```
19
20  // 发送消息
21  serviceAction->send(message);
```

4.7 多媒体

多媒体已经成为手机的标准功能之一。Qt Mobility API 的多媒体库可以很容易地以不同的格式播放与录制音频和视频。除了播放和录制，此 API 还提供了其他的功能，例如，FM 收音机甚至播放幻灯片。

4.7.1 播放一个音频文件

下面的代码表示播放一首在远程网站上的 MP3 歌曲。API 以发送信号的方式报告媒体文件播放的进度，这个 positionChanged()信号被发出时附带一个参数，表示以毫秒为单位从媒体文件开始计算的位置。而 duration()方法则返回目标媒体文件的总长度。

```
1 QMediaPlayer* mediaPlayer = new QMediaPlayer;
2 connect(mediaPlayer, SIGNAL(positionChanged(qint64)), this, SLOT(
      myPositionChangedHandler(qint64)));
3 mediaPlayer->setMedia(QUrl::fromLocalFile("http://music.com/song.mp3"
      ));
4 mediaPlayer->setVolume(50);
5 mediaPlayer->play();
```

4.7.2 新建一个视频播放列表，并在视频 Widget 中播放

QMediaPlaylist 类可用于创建媒体文件播放列表。QVideoWidget 是用于播放视频的特殊控件(Video Widget)。下面的例子演示新建一个视频播放列表，然后用媒体播放器在一个视频 Widget 里播放这个列表中的视频文件。

```
1 QMediaPlayer* mediaPlayer = new QMediaPlayer( this );
2 QMediaPlaylist* playlist = new QMediaPlaylist(player);
3 playlist->append(QUrl("/MyVideos/video1.mp4"));
4 playlist->append(QUrl("/MyVideos/video2.mp4"));
```

```
5 playlist->append(QUrl("/MyVideos/video3.mp4"));
6
7 QVideoWidget* widget = new QVideoWidget( mediaPlayer, parentWindow );
8 widget->show();
9 player->play();
```

4.8 发布和订阅

发布和订阅（Publish and Subscribe）是一种广泛使用的消息报文（Messaging Paradigm），消息的生产者（发布者）和消费者（订阅者）与数据在通信中被分开（解耦）。这个通信是异步的，通常使用一个附加的数据对象。

发布和订阅 API 让将来发布的程序可以访问上下文相关的信息。传递的数据以树的形式组织，树里的数据能"遮盖"到其他有相同键的数据，这个键是一个可以用来标识树的叶或者节点的字符串。而上下文是一种上下文本体论（Context Ontology）的例子，它是一组已定义的关系，当上下文的内容改变时，对象的值改变但关系不变。发布和订阅的用途是让现有的程序提供一种技术接口，在将来可以以这种技术为基础，实现一定范围内的扩展应用。

4.9 服务框架

在手机上与设备相关的服务是很常见的。因此，在 Qt 的移动扩展中最有趣的一个功能是以平台无关的方式提供服务。在 Qt Mobility APIs 的范畴内，服务框架 API（Service Framework API）定义了一个统一的、在不同平台中寻找、实现和访问服务的方法。在框架里，服务是独立的组件，可以让客户端执行已定义的一些操作。服务是一个安装在设备上的插件，能寻找在中央服务器上运行的外部服务。此外，因为服务框架本质上是一个抽象层，应用程序并不需要关心底层的协议。相对地，服务器要处理硬件相关特性，例如，网络等其他底层细节。

4.10 系统信息

每个手机都保存了许多关于它自身的信息，例如，内置的软件、连接、硬件特征等。对于一个软件开发人员来说，这些信息是很重要的，因为应用程序可能需要某些硬件支持才能使用，或者需要得到系统的信息才能进行相应的定制优化。

下面列出可以用系统信息 API 来获取的系统相关的信息和能力。

版本（Version）：提供设备上所支持的一系列软件的信息，例如，从操作系统、固件（Firmware）到 WebKit、Qt 和服务框架等信息。

功能（Features）：列出设备支持的硬件列表。功能包括一些子系统，例如，照相机、蓝牙、GPS、FM 收音机等。

网络（Network）：提供网络连接（如 MAC 物理地址）和网络类别（如 GSM、CDMA、WCDMA、WiFi、以太网等）等信息。

显示屏信息（Display Information）：可以从系统获取显示屏相关的信息，例如，亮度、色深（Colour Depth）等。

存储器信息（Storage Information）：提供现有各种存储设备的信息，例如，内存储器、可移动存储器、光驱，甚至没有存储器。

设备信息（Device Information）：可访问系统的设备信息。

电池状态（Battery Status）：给出电池的电量信息。

电源状态（Power State）：获取当前手机是如何供电的，是否正在充电。

情景模式（Profile）：让程序可以检查情景模式设置，可以是静音、振动、正常和其他。

SIM：获取 SIM 卡是否插入，是否支持双卡或者 SIM 卡是否已被锁定。

输入法（Input Method）：判断输入法的种类，例如，按键/按钮、九宫键、全键盘、单点触摸屏、多点触摸屏等。

屏幕保护（Screensaver）：可以访问屏幕保护或者黑屏。

4.10.1 访问设备信息

下面的代码演示了如何同步地从 QSystemDeviceInfo 获取系统信息，并请求在状态改变时获得通知。

这段代码获取电池状态信息，然后连接信号以获得电池状态的更新。其他类似的信号可用于获得设备的蓝牙、当前情景模式和电源状态。

```
1  QSystemDeviceInfo* deviceInfo = new QSystemDeviceInfo( this );
2  QSystemDeviceInfo::BatteryStatus batteryStatus = deviceInfo->
     batteryStatus();
3  connect(deviceInfo,SIGNAL(batteryStatusChanged(QSystemDeviceInfo::
     BatteryStatus)),
4          this,SLOT(handleBatteryStatusChanged(QSystemDeviceInfo::
             BatteryStatus)));
5
6  void MyClass::handleBatteryStatusChanged( QSystemDeviceInfo::
     BatteryStatus batteryStatus )
7  {
8      if( batteryStatus == QSystemDeviceInfo::BatteryCritical )
9      {
10         // 进行相应处理
11     }
12 }
```

4.10.2 访问系统信息

下面这段代码简单地示范了如何使用 QSystemInfo 检查设备支持的功能。

```
1  QSystemInfo* systemInfo = new QSystemInfo(this);
2  // 获取设备的当前语言和国家代码
3  QString language = systemInfo->currentLanguage();
4  QString countryCode = systemInfo->currentCountryCode();
5  // 检查设备是否支持照相机
6  if( systemInfo->hasFeatureSupported( QSystemInfo::CameraFeature )
7  {
8      // 拍照
9  }
```

4.11　小结

开发 Qt Mobility APIs 的目的是可在任何系统上使用，如图 4.2 所示。例如，Windows Mobile 或 Maemo 等其他系统可能还没有支持所有的 API（见表 4.1），但随着时间的推移，这些缺口会被补上而且会加入更多的 API（表 4.1 已过时，在翻译本书时 Symbian 和 Maemo 5 平台已支持全部 Qt Mobility 1.0 APIs。请访问 Qt Mobility 的页面并查询 Platform Compatibility 部分，获取最新的信息——译者注）。

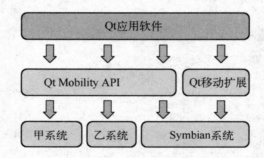

图 4.2　Qt Mobility APIs

表 4.1　平台兼容性

	S60 3rdE FP1 S60 3rdE FP2 S60 5thE	Maemo 5	Maemo 6	Windows Mobile	Linux	MAC
服务框架	是	是	是	是	是	是
消息	是	否	是	是	是	否
网络载体管理	是	否	是	是	是	是
发布和订阅	是	否	是	是	是	是
联系人	是	否	是	是	否	否
位置	是	否	否	是	否	否
多媒体	否	否	否	否	是	否
系统信息	是	否	否	是	是	是

本章我们介绍了 Qt Mobility API 和它提供的功能。然而 Symbian 设备里还有许多超过跨平台 Qt 和 Qt Mobility 包所能提供的功能。例如，几乎所有最新的 Symbian 手机都有内置加速度传感器和照相机。如果你想使用这些功能，通常需

要用本地接口实现。诺基亚论坛维基（Forum Nokia Wiki）提供了一系列类 Qt
（Qt-like）的封装类，封装了本地 Symbian C++的 API，并提供类 Qt（Qt-like）
的接口，以访问 Symbian 特有的一些功能。我们将在下一章讨论 Symbian 特有
的手机扩展 API。

参考文献

Fitzek HF and Katz M (eds) 2006 *Cooperation in Wireless Networks: Principles
and Applications – Real Egoistic Behavior is to Cooperate!* Springer.

第 5 章　类 Qt 移动扩展

Tony Torp and Frank H.P. Fitzek

本章概述了一些本地的（Native）Symbian API。如果没有一定的 Symbian 基础，这些 API 与 Qt Mobility APIs 相比不太容易使用，但它们更加灵活和强大。

（作为一种技术预览（Technology Preview），目前本章介绍的许多功能已经整合到最新版的 Qt Mobility API，请尽可能使用支持跨平台的 Qt Mobility API —— 译者注）

5.1　使用 Qt API 以外的平台功能

在前面的章节中我们介绍了在跨平台开发环境中，如何为不同类型的设备应用 Qt Mobility API。作为一个具有丰富功能的智能手机平台，Symbian 仍然有许多平台特有的功能不能被 Qt 库或者 Qt Mobility API 支持。例如，近些年的手机大多内置照相机和传感器，但目前的标准 Qt 却还不支持这些功能，当编写手机程序时我们常常希望使用这些手机特性。基本上在 Qt 程序中应用这些平台特有功能的方法有两种。一种是直接用本地代码，用 Symbian C++调用手机平台的本地 Symian API 来扩展我们的程序。这种方法的缺点是我们不得不进行漫长而艰辛的 Symbian C++编程学习过程。另一种方法是用诺基亚论坛维基网站（Forum NokiaWiki）上提供的现成的封装包，这些封装包为在 Symbian 平台上使用 Qt 的开发者提供易用的类 Qt（Qt-like）扩展 API，提供 Qt API 中目前还不支持但非常重要的一些平台相关的功能。我们可以用类似 Qt 的办法在程序中实现传感器、照相机等功能，却无须超越 Qt 编程的范畴太远。

在下面的几节中我们将会介绍 Symbian 智能手机开发中现有的扩展 API。我们将它们称为"类 Qt（Qt-like） API"是因为它们不是跨平台的 Qt API （见图 1.5），但这些扩展的类 Qt（Qt-like）接口使得 Qt 开发者更容易使用 Symbian 设备的关键功能。移动扩展使得开发者无须学习本地 Symbian C++编程，就可以用类似 Qt 的方式使用那些 Symbian 智能手机上平台特有的功能。这些 API 的目标是具有很高的抽象级别，简单并且容易让开发者使用。

本章介绍的扩展 API 在表 5.1 中列出。这里列出的并不是所有的现有扩展 API，有些与 Qt Mobility APIs 功能重叠的扩展并没有列出。

表 5.1　在本章描述的扩展 API

API 名称	描　　述
闹铃 API	为某一特定时间设置闹铃
日历 API	从设备上的日历数据库存取预约信息
照相机 API	用手机内置的照相机拍照
安装 API	用安装包安装 Symbian 应用程序
地标 API	列出现有地标并且添加新的地标
情景模式 API	读取情景模式信息并且激活情景模式
传感器 API	侦测设备的加速度和方向
电话 API	用电路交换协议打电话，接收呼叫状态通知
实用工具 API	根据文件类型启动查看器，背光控制
振动 API	用设备的振动器给用户物理反馈

Qt 库、Qt Mobility API 和现有的移动扩展 API 可以支持现在 Symbian 智能手机的大多数功能。如果要用的平台特有功能是这些 API 所没有的，可能你会想到实现自己的类 Qt（Qt-like） Symbian 扩展，那就要用本地 Symbian API 并且学习 Symbian C++的概念。第 6 章介绍了本地 Symbian 开发所需的主要概念以及如何实现类 Qt（Qt-like） API 的例子。

5.2　如何在你的项目中使用移动扩展

扩展 API 通常有一个调用 Symbian C++ API 的对象以及一个实现类 Qt（Qt-like）API 的封装类，你的应用程序则调用这个封装类。先在 IDE 中把扩展的源代码加到你的工程里，然后把它们作为程序源代码的一部分一起编译。使用扩展时可能需要给你的工程添加一些权限，例如，闹铃 API 通常要添加 ReadDeviceData、ReadUserData、WriteDeviceData 和 WriteUserData 等权限，具体权限也与调用的方法有关。具体的权限在扩展文档的 API 描述部分中列出。在下一章我们会介绍 Symbian C++，并且用实例说明这些封装是如何实现的。

5.3　闹铃

闹铃 API 可用于在设备上设置闹铃、显示现有的闹铃或者删除闹铃条目。你可以用这个 API 为一天中的某个时间设置闹铃以及打开或关闭闹铃。用此 API 也可以获取设备上的现有闹铃列表。API 的主接口是 XQAlarms，用于设置、修改和删除闹铃。XQAlarm 用于保存闹铃数据，例如，闹铃类别、过期时间和闹铃附带的消息。用这个 API 需要 ReadDeviceData、ReadUserData、WriteDeviceData 和 WriteUserData 权限。

（Alarm 有提醒、闹铃或者闹钟等意思，本文译为"闹铃"，但此 API 也可用于提醒、闹钟等——译者注）

5.3.1　获取所有闹铃列表

下面的代码可以获取所有已经设置的闹铃的 ID 列表。

```
1 // 创建一个XQAlarms 实例并获取 ids
2 XQAlarms* alarms = new XQAlarms(this);
3 QList<int> ids = alarms->alarmIds();
```

5.3.2　创建一个在工作日提醒的闹铃

创建闹铃时，可以先创建一个 XQAlarm 闹铃对象，然后再添加到 XQAlarms 实例中。下面的代码为每周报告创建了一个从本日开始每周重复的闹铃：

```
1 //创建一个提醒写每周汇报（weekly report）的闹铃
2 XQAlarms* alarms = new XQAlarms(this);
```

```
3  QDateTime alarmDateTime = alarmDateTime.currentDateTime();
4  alarmDateTime.setTime(QTime(15, 0));
5  // 创建 XQAlarm 数据对象
6  XQAlarm weeklyReport;
7  weeklyReport.setExpiryTime(alarmDateTime);
8  weeklyReport.setMessage("Do weekly report");
9  weeklyReport.setRepeatDefinition(XQAlarm::RepeatWeekly);
10 alarms->addAlarm(weeklyReport);
```

5.3.3　修改指定闹铃的时间

我们也可以修改已设置的闹铃。下面的代码示范了如何修改闹铃列表中第一个闹铃的时间：

```
1
2
3  XQAlarms* alarms = new XQAlarms( this );
4  QList<int> ids = alarms->alarmIds();
5
6  // 为了得到现有的闹铃创建一个 XQAlarm 数据对象
7  XQAlarm alarmToChange = alarms->alarm(ids.value(0));
8
9  QString alarmMessage = alarmToChange.message();
10 int alarmDay;
11 QDateTime dateTime = alarmToChange.expiryTime();
12 if (alarmToChange.repeatDefinition() == XQAlarm::RepeatOnce ||
13             alarmToChange.repeatDefinition() == XQAlarm::
   RepeatWeekly)
14 {
15
16     alarmDay = dateTime.date().dayOfWeek();
17 }
18
19 int oldAlarmDefinition = alarmToChange.repeatDefinition();
20
21 // 删除旧的闹铃
22 alarms->deleteAlarm(ids[0]);
23
```

```
24  QDateTime alarmDateTime = alarmDateTime.currentDateTime();

25

26  // 设置新的闹铃时间为 15.00
27  QTime newTime = QTime(15, 00);
28  alarmDateTime.setTime(newTime);

29

30  // 如果时间已经过了，就给闹铃添加一天的时间
31  if (alarmDateTime.time() < QDateTime::currentDateTime().time())
32  {
33      alarmDateTime = alarmDateTime.addDays(1);
34  }

35

36  // 以此闹铃的数据创建一个新的闹铃
37  XQAlarm updatedAlarm;
38  updatedAlarm.setExpiryTime(alarmDateTime);
39  updatedAlarm.setMessage(alarmMessage);
40  updatedAlarm.setRepeatDefinition(
41      static_cast<XQAlarm::RepeatDefinition>(oldAlarmDefinition));
42
43  alarms->addAlarm(updatedAlarm);
```

5.3.4　删除一个闹铃

可以用闹铃 ID 来删除闹铃。下面的代码示范了删除闹铃列表中第一个闹铃：

```
1  XQAlarms* alarms = new XQAlarms( this );
2  // 取得所有闹铃的 ID 列表，并且删除第一个 （索引为 0）
3  QList<int> ids = alarms->alrmIds();
4  alarms->deleteAlarm(ids[0]);
```

5.4　日历

日历 API 可以从设备上的日历数据库读取、修改和添加条目信息，包括预约、待办事项、周年纪念和其他与时间相关的事件都存储在日历数据库中。日历 API 的主接口是 XQCalendar，用于表达日历数据库。

日历 API 的主要接口如下：

● XQCalendar：日历数据库。

- XQCalendarEntry：数据库条目。

- XQCalendarCategory：分类条目。

- XQCalendarAttendee：预约参与者的姓名、角色等。

- XQCalendarAlarm：日历条目的提醒。

- XQCalendarRepeatRule：重复的日历条目。

- XQCalendarWidget：显示月历的组件（Widget）。

使用日历 API 需要如下权限：ReadDeviceData、ReadUserData、WriteDeviceData 和 WriteUserData。

5.4.1　创建新的日历条目

给日历添加新的条目是很容易的。创建一个 XQCalendarEntry 实例并且给出数据，然后用 XQCalendar 添加到日历数据库中。下面的代码创建一个附有提醒的"待办事项"：

```
1  // 创建一个日历对象
2  XQCalendar* calendar = new XQCalendar( this );
3  // 创建一个待办事项条目
4  XQCalendarEntry entry(XQCalendarEntry::TypeTodo);
5  entry.setStartAndEndTime( QDateTime(...), QDateTime(...));
6  entry.setSummary( QString("Find and buy a new tie") );
7  // 设置提前 60 分钟提醒
8  XQCalendarAlarm alarm;
9  alarm.setTimeOffset( 60 );
10 entry.setAlarm( alarm );
11 // 添加条目到日历输入库
12 calendar->addEntry(entry);
```

5.4.2　删除日历条目

有条目 ID 才能删除一个日历项。我们可以用 entryIds()方法返回所有条目 ID 的列表，单个条目里的数据即可取出来了。下面的代码表示删除指定日期之后的所有条目：

```
1  // 创建一个日历对象
2  XQCalendar* calendar = new XQCalendar( this );
```

```
3  QDate dayOfDoom( 2009, 12, 7 );

4

5  // 取得日历数据库的所有条目 ID
6  // 并删除指定日期之后的所有条目
7  QList<ulong> entryIds = calendar->entryIds();
8  for (int i = 0; i < entryIds.count(); i++)
9  {
10     XQCalendarEntry entry = calendar->fetchById(entryIds[i]);
11     if (entry.startTime().date() > dayOfDoom )
12     {
13         calendar->deleteEntry( entryIds[i] );
14     }
15 }
```

5.5　照相机

大多数 Symbian 智能手机都有内置的照相机（Camera），而"照相机 API"则可以用来照相。使用这套 API 你可以先看看照片的预览效果（取景），然后调整照相机的焦距，最后拍下照片。API 的主接口是 XQCamera，用来提供焦距和拍照的槽。照片的尺寸可以从默认的 640 × 480 像素改为你期望的大小。当照相机准备好拍照、聚焦完毕以及拍摄完成时，API 会发出相应的信号。API 里其他的类，如 XQViewFinderWidget 是一个可用来预览照片的组件（Widget）。

用照相机 API 拍照需要下面几步：首先初始化照相机类，其次启动取景器，然后用户单击拍照按钮进行拍照，最后出来拍好的照片并可保存。下面的代码演示了这个过程。要注意拍照这个操作通常很费内存，因此，如果同时打开很多图片要小心。

在打开、对焦或者拍照时如果有问题，则照相机 API 可能报错，操作失败时相应的方法会返回 false，并且可以从 XQCamera::error()方法里得到错误代码。与之类似的是当取景器组件发生错误时，调用 XQViewFinderWidget::error() 可返回取景器组件类的错误代码。

此 API 所需的权限为 MultimediaDD 和 UserEnvironment。

5.5.1 照相机初始化

下面的代码初始化并且连接照相机的信号到我们程序的槽上。用户类是 MyXQCameraUser，可以用 setCaptureSize()方法修改默认的拍照尺寸（640×480 像素）：

```
1   class MyXQCameraUser : public QObject
2   {
3       Q_OBJECT
4
5   protected slots:
6       void imageCaptured(QByteArray imageData);
7
8   private:
9       XQCamera* camera;
10      XQViewFinderWidget* viewFinder;
11  };
12
13
14  // 创建照相机对象并设置拍照尺寸
15  camera = new XQCamera(this);
16  camera->setCaptureSize(QSize(1280,960));
17
18  // 创建拍照按钮并与照相机的拍照槽连接
19  QPushButton* captureButton = new QPushButton("CaptureImage");
20  connect(captureButton, SIGNAL(clicked()), camera, SLOT(capture));
21
22  // 与 captureCompleted 信号连接
23  connect(camera, SIGNAL(captureCompleted(QByteArray)), this,
            SLOT(imageCaptured(QByteArray)));
```

5.5.2 使用取景器组件

当照相机就绪时取景器就被打开。我们可以把 cameraReady()信号直接连接到取景器的 start()槽上：

```
1  // 初始化取景器，设置照相机源以及照片尺寸
2  viewFinder = new XQViewFinderWidget;
3  viewFinder->setCamera(*camera);
```

```
4 viewFinder->setViewfinderSize(QSize(256, 192));
5
6 // 当照相机发出准备就绪的信号时开启取景器
7 connect(camera, SIGNAL(cameraReady()), viewFinder, SLOT(start()));
```

5.5.3 拍摄照片

单击 CaptureImage 按钮启动拍照过程。把按钮的 clicked()信号与照相机的 capture()槽相连。当拍照完成时照相机类将发出一个 captureCompleted()信号，你可以把它与程序里的槽相连用以处理拍出来的照片。下面的代码停止取景器并且在取景器组件中显示拍好的照片 10 秒，然后再重启取景器：

```
1 void MyXQCameraUser::imageCaptured(QByteArray imageData)
2 {
3     // 停止取景器并在取景器上显示拍出的照片
4     viewFinder->stop();
5
6     // 取出照片数据放到一个图片类中
7     QImage capturedImage = QImage::fromData(imageData);
8     viewFinder->setImage(capturedImage);
9     camera->releaseImageBuffer();
10
11    // 10 秒后重启取景器
12    QTimer::singleShot(10000, viewFinder, SLOT(start()));
13 }
```

5.6 安装器

安装器 *API* 可以用于不显示标准安装对话框的情况下安装和卸载应用程序，这样你可以悄悄地在后台做出安装程序或者自定义你自己的安装界面。给出应用程序 SIS 文件的完整路径，即可使用安装器 API 安装该应用程序。安装器 API 也可以用于获取在设备上已安装的程序列表。在 Symbian 平台，每个应用程序都是用 UID3 标识的，安装器 API 里有个方法可以读取当前系统中所有应用程序的 UID 或者名字的列表。

此 API 需要的权限为 TrustedUI。

5.6.1 不提示用户在后台安装应用程序

下面的代码示范了如何将一个 sis/sisx 文件安装到手机上。在 Symbian 平台上安装包被称为 SIS 文件，扩展名为.sisx。安装完成后，API 根据安装成功与否会发出 applicationInstalled()或 error()信号。

```
1  XQInstaller* installer = new XQInstaller(this);
2
3  // 连接信号与槽
4  connect(installer, SIGNAL(applicationInstalled()), this, SLOT(
       installationSucceeded()));
5  connect(installer, SIGNAL(error()), this, SLOT(installationFailed()));
6
7  // 从安装目录中安装一个范例安装包
8  bool result = installer->install("c:\\Data\\exampleapplication.sisx");
9
10 // 检查是否已经开始安装
11 if (!result)
12 {
13     // 启动安装失败
14     XQInstaller::Error error = installer->error();
15     // 在此添加错误处理代码
16 }
```

5.6.2 不提示用户在后台卸载应用程序

下面的代码展示了如何不提示用户卸载一个应用程序。每个程序都有一个唯一的标识符，可以用来指定要卸载哪个程序。处理完成后 API 会根据卸载成功与否发出 applicationRemoved()或 error()信号。

```
1  XQInstaller* installer = new XQInstaller(this);
2
3  // 连接到 applicationRemoved()信号
4  connect(installer, SIGNAL(applicationRemoved()), this, SLOT(
       uninstallationSucceeded()));
5  connect(installer, SIGNAL(error()), this, SLOT( uninstallationFailed()
```

```
        ));
 6
 7   // 应用程序的 UID3
 8   uint appId = 0x12345678;
 9
10   // 卸载此 ID 的应用程序
11   bool result = installer->remove(appId);
12
13   // 检查是否已经启动卸载
14   if (!result)
15   {
16       // 卸载失败
17       XQInstaller::Error error = installer->error();
18       // 在此加入错误处理代码
19   }
```

系统可能报告一些错误状态，例如，内存不足、安全问题、不支持安装包格式或者安装程序忙等。

5.6.3 获取设备上已安装程序的列表

安装器 API 可以用来获取在设备上已安装的程序列表。

这个列表可以是应用程序的名字也可以是 UID。

```
1   XQInstaller* installer = new XQInstaller(this);
2
3   // 获取应用程序的 UID 列表
4   QList<uint> uids = installer->applications().values();
5
6   // 获取程序的名字列表
7   QList<QString> applications = installer->applications().keys();
```

5.7 地标

地标（Landmarks）是一个有名字的地址标记，并且可能附带其他的一些数据，例如，描述、图标、地址等。地标存储在地标数据库中，可能是设备上的本地数据库也可能是通过 Internet 连接的远程数据库。

利用地标 API 的方法可以添加和列出已有的地标。

API 的主接口是 XQLandmarkManager，可以用于访问地标数据库，添加和列出现有的地标。

XQLandmark 类用来描述一个地标，包括名字、位置信息、描述和其他的具体信息。通常我们根据当前位置添加新坐标，而当前的位置可以用 Qt Location Mobility API 得到。

本 API 所需的权限有 ReadUserData 和 WriteUserData。

5.7.1 为当前位置创建一个地标

地标 API 可以保存关于一个特定位置的信息，而位置 API 则可以提供当前位置的坐标。常见的用法是得到现有的位置，向用户询问相关的描述然后添加这个地标到数据库。下面的代码用名字和坐标在地标数据库中创建一个新地标：

```
1  // 创建一个新地标并且指定名字和坐标信息
2  XQLandmark landmark;
3  landmark.setName("Wonderland");
4  landmark.addCategory("Amusement");
5  landmark.setPosition(40.123, 20.321);
6
7  // 添加地标到地标数据库
8  XQLandmarksManager* landmarksManager = new XQLandmarksManager(this);
9  landmarksManager->addLandmark(landmark);
```

5.7.2 获取地标数据库中的所有地标

下面的代码演示了如何用地标 API 获取地标服务器中所有的地标。用 API 可以得到一个地标 ID 的列表，然后可以用这个 ID 访问 XQLandmark 对象。

```
1  XQLandmarksManager* landmarksManager = new XQLandmarksManager(this);
2
3  // 从数据库获取全部地标的 ID 列表
4  QList<int> ids = landmarksManager->landmarkIds();
5
6  // 遍历列表中的所有地标
```

```
 7  for (int i = 0; i < ids.count(); ++i)
 8  {
 9     XQLandmark landmark = landmarksManager->landmark(ids.value(i));
10     qreal latitude = landmark.latitude();
11     qreal longitude landmark.longitude();
12             QString name = landmark.name();
13             QString description = landmark.description();
14        //...
15  }
```

5.8   情景模式

　　一个情景模式（Profile）包括了电话振铃、短信提示音等一套声音设置，选择静音模式时手机则不会发出任何声音，选择会议模式后来电时手机会发出很短的一声"嘀"，而普通模式则是用户自定义的铃声和短信提示音。

　　情景模式 API 可以用于不同情景模式的切换，也可以获取当前激活的情景模式。这个 API 的主接口是 XQProfile，用 isFlightMode() 方法可以检查手机是否在离线状态并且网络连接已经被禁止。情景模式 API 只能用于预定义的模式，也就是说，不支持自定义模式。使用 API 的方法可以修改预定义情景模式，例如，调用 API 即可轻松修改铃声、短信提示音、音量等设置。但是这套 API 不能创建新的情景模式或者修改手机里没有预定义的情景模式。

　　此 API 所需的权限为 WriteDeviceData。

5.8.1   获取当前激活的情景模式

　　下面的代码演示了如何用情景模式 API 得到手机上当前激活的情景模式：

```
 1  XQProfile* profile = new XQProfile(this);
 2
 3  // 得到当前激活的情景模式
 4  XQProfile::Profile activeProfile = profile->activeProfile();
```

　　可激活的情景模式列举如下：

```
 1  enum Profile {
```

```
2          ProfileGeneralId,
3          ProfileSilentId,
4          ProfileMeetingId,
5          ProfileOutdoorId,
6          ProfilePagerId,
7          ProfileOffLineId,
8          ProfileDriveId
9   }
```

5.8.2　设置当前模式为飞行模式

下面的代码演示了如何设置手机为飞行模式，即手机设置为离线并且禁止网络连接：

```
1  XQProfile* profile = new XQProfile(this);
2
3  // 设置当前模式为飞行模式
4  bool result = profile->setActiveProfile(XQProfile::OffLineId);
```

5.8.3　设置普通模式的铃声音量为最大音量

下面的例子设置普通模式的铃声音量为最大音量，振动提示也被设为"无振动"：

```
1  XQProfile* profile = new XQProfile(this);
2
3  // 设置铃声音量为最大，例如 10 级音量
4  bool volume = profile->setRingingVolume(XQProfile::RingingVolumeLevel10,
       XQProfile::ProfileGeneralId);
5  bool vibra = profile->setVibratingAlert(false, XQProfile::
       ProfileGeneralId);
```

5.9　传感器

传感器 API 支持两种传感器（Sensors）：方向传感器（见图 5.1）和加速度传感器。

方向传感器可以得到屏幕的方向，或更准确地得到设备旋转的角度。旋转角度用 X、Y 和 Z 轴来表示，每一轴角度的变化范围是从 0 到 359（见图 5.2）。而用较模糊的方式描述设备显示屏的方向。用 API 的 XQDeviceOrientation 类可以获取这个方向。

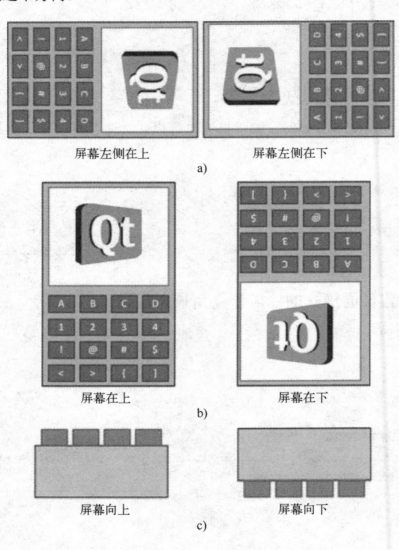

图 5.1　方向传感器得到的屏幕方向

用加速度扩展 API 可以知道设备的加速度，这个数据可以用来判断移动手势（Movement Gestures），例如，向上或者向下移动设备。因为加速度受到地球重力的影响，设备的方向会影响加速度传感器，因此，在设备处于静止状态时不能假设坐标值为 0。事实上，当设备自由落体时各轴的加速度才为 0。

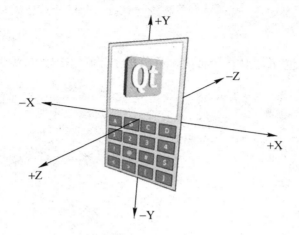

图 5.2 设备自身的坐标系统

接受旋转和方向改变的通知

当设备的 X 轴旋转了至少 15°或者方向变化的时候，下面的例子就会收到通知。传感器 API 用 orientationChanged()和 xRotationChanged()信号来通知客户端旋转或方向的变换。RotationChange 信号可用于 X、Y 和 Z 三轴的旋转变化，信号的参数给出新的旋转角度。

```
1  XQDeviceOrientation* orientation = new XQDeviceOrientation(this);
2
3  // 打开方向传感器数据流
4  orientation->open();
5
6  // 设置至少旋转多少度程序才会收到通知
7  //旋转的度数为 15°
8  orientation->setResolution(15);
9
10 // 开始以前面设置的分辨率监听 X 轴的旋转
11 connect(orientation, SIGNAL(xRotationChanged(int)),
12     this, SLOT(rotationUpdated(int)));
13
14 // 开始监听屏幕方向的改变
15 connect(orientation, SIGNAL(orientationChanged(XQDeviceOrientation::
```

```
         DisplayOrientation)),
16    this, SLOT(orientationUpdated(XQDeviceOrientation::DisplayOrientation
         )));
```

当前旋转角度也可以用下面这组简单的查询 API 以同步方式获取：

```
1  // 读取当前旋转角度（同步调用）
2  int xRotation = orientation->xRotation();
3  int yRotation = orientation->yRotation();
4  int zRotation = orientation->zRotation();
```

5.10 电话服务

电话服务 API 为应用程序提供了语音电话拨号和线路监视的功能。API 的主接口 XQTelephony 提供了一些方法可以以电路交换模式打电话和监视线路状态（闲置、正在振铃、正在拨号、已连接、呼叫保持等）。本 API 只能用于传统的电路交换方式的电话服务（Circuit-switched Telephony），而不支持数据包交换式的电话服务（Packet-switched Telephony）。

你也可以让电话服务 API 在线路状态变化时通知程序，例如，开始打电话或者挂断电话。实现时要创建一个 XQTelephony 对象，然后连接它的 lineStatusChanged()信号（slot）到程序的一个槽（slot）上即可。

5.10.1 用电路交换方式打电话

只要在参数里给出电话号码，就可以很简单地开始进行语音通话：

```
1  XQTelephony* telephony = new XQTelephony(this);
2  telephony->call("+358301234567");
```

5.10.2 当电话状态改变时接收通知

用信号与槽（Signal and Slot）机制即可对线路进行监视。下面的例子演示了如何把 lineStatusChanged()信号连接到应用程序的 handleStatusChange()槽上：

```
1
2   XQTelephony* telephony = new XQTelephony(this);

3   connect(telephony, SIGNAL(lineStatusChanged(XQTelephony::LineStatus,
        QString)),
4           this, SLOT(handleStatusChange(XQTelephony::LineStatus, QString)));

5
6   // 处理电话线路状态变化的槽
7   void MyTelephoneLineListener::handleLineStatusChange(XQTelephony::
        LineStatus status, QString number)
8   {
9       switch(status)
10      {
11          case XQTelephony::StatusRinging:
12          {
13              // 有拨入电话，这里做处理
14          }
15      }
16  }
```

5.11　实用工具

实用工具 API（Utils API）提供了各种各样平台相关的实用工具。XQUtils API 可以用来根据一些文件的类型来启动它们的默认查看器，它还有种方法可以使得重置系统的闭置时间（System Inactivity Timer），这样可以保持背光一直亮着。在 Symbian 设备里有一个在后台运行的进程可以侦测用户的活动，当用户有活动（例如按键或者触摸屏幕）时就会复位一个计时器，如果超过若干秒这个计时器没有复位，背光就会自动关闭。XQUtils API 提供的方法可以读取一些特殊文件路径，例如，照片、视频或图片的存储路径。

```
1   static QString videosPath()
2   static QString imagesPath()
3   static QString picturesPath()
```

实用工具 API 还有另外一个类叫做 XQConversions，在 Symbian C++ 和 Qt 代码混合编程时非常有用。它提供的方法可以把 Symbian 描述符和 QString 互相

转换。在下一章我们将讨论这些 Symbian 编程里最重要的概念。

5.11.1　保持设备背光一直打开

下面的代码演示了用一个每秒执行一次的定时器调用 XQUtils::resetInactivity Timer()方法复位系统的不活动定时器，这样可以保证设备的背光一直亮着。这个操作在很多时候都很有用，例如，在游戏中给玩家更多的时间一边看着屏幕一边思考下一步该怎么走。

```
1 XQUtils* utils = new XQUtils(this);
2
3 // 创建并且启动一个一秒执行一次的定时器
4 QTimer* timer = new QTimer(this);
5 timer->setInterval(1000);
6 timer->start();
7
8 // 连接定时器的timeout()信号到XQUtils::resetInactivityTime()
9 connect(timer, SIGNAL(timeout()), utils, SLOT(resetInactivityTime()));
```

5.11.2　用默认的文件查看器打开文件

下面的代码演示了用系统的默认查看器显示 JPEG 文件：

```
1 XQUtils* utils = new XQUtils(this);
2 utils->launchFile("MyPicture.jpg");
```

5.11.3　将 QString 和 HBufC*互相转换

下面的代码演示了把 QString 转换成 HBufC 再转换回来：

```
1 // 创建一个QString
2 QString bookNameString("Qt for Symbian");
3 // 转换成描述符
4 HBufC* bookNameDescriptor = XQConversions::qStringToS60Desc(
    bookNameString );
5 // 把描述符再转换回到另外一个QString
6 QString anotherBookName = XQConversions::s60DescToQString( *
    bookNameDescriptor );
```

5.12　振动

振动 API 用来使设备振动，它的主接口是 XQVibra，还可以用来读取当前情景模式的振动设置，也可以用 start()方法和 stop()方法启动或者停止振动。振动的强度可以用 setIntensity()方法设置，强度值的范围为–100～100，其中 0 振动强度为停止振动。实际的振动强度取决于硬件。

有时用户已经关闭了振动，例如，静音模式，此时就可以用这个 API 查到当前的振动配置，用 currentStatus()方法可以返回这个状态，而当振动模式改变时，API 也会发出 statusChanged()信号。

打开振动功能

下面的代码演示了使用振动 API 打开 2 秒的振动，振动强度为 80%：

```
1   XQVibra* vibra = new XQVibra(this);
2
3   // 设置振动强度为80%，可能的值为-100%～100%
4   vibra->setIntensity(80);
5
6   // 打开振动2秒
7   vibra->start(2000);
8
9   //...
10
11  // 在振动定时到之前可以调用下面这行停止振动器
12  vibra->stop();
```

第6章 Qt 应用程序和 Symbian 本地扩展

Angelo Perkusich、Kyller Costa Gorgônio 和 Hyggo Oliveira de Almeida

（Symbian 本地扩展指用 Qt 封装 SymbianAPI，本章与 Symbian 操作系统相关的内容，可以参考《Symbian 操作系统 C++高效编程》以获取更多信息——译者注）

Symbian 是一个开放的移动设备操作系统，它被用在多种不同的智能手机当中。Symbian 提供了一个面向应用开发且功能齐全的 C++语言框架，其中包括网络、并发操作和访问本地智能手机功能等模块。随着蓄电能力的增强和智能手机的流行，智能手机对应用软件的需求也越来越大。这就需要更加强大的开发工具来加快软件开发，并提高软件质量。在这种情况下，Qt 是目前最有希望实现大规模、高品质的应用程序开发的解决方案。开发人员可以使用 Qt 框架来编写新应用程序，或者移植现有的 Qt 应用程序到 Symbian 操作系统第 5 版 v1.0，以及第 3 版 FP1 及更新的设备上。在本章，我们将概述 Symbian 操作系统的主要功能以及 Qt 在 Symbian 上的本地扩展。

6.1 Symbian 操作系统数据类型以及命名规范

Symbian 操作系统没有使用 C++的标准数据类型，而是在 e32def.h 中使用 typedef 定义了一套自己的数据类型。这是为了保持类型定义与编译器相互独立。开发人员最好使用 Symbian 操作系统的数据类型，而不是标准数据类型。但对 void 返回值是个例外，当函数或者类方法没有返回值时，应该使用"void"而不是"TAny"。

Symbian 操作系统的类有几种不同的类别规则，它们都有不同的特性，例如，对象创建的位置（是栈还是堆），对象将如何被清理。在 Symbian C++中，使用名为"leaving"的异常机制取代了标准 C++的异常处理。清除栈（Cleanup Stack）以及二阶段构造（Two-phase Construction）和这种异常处理机制关系紧密（见 6.2.2 节和 6.2.3 节）。Symbian 操作系统为这种异常机制定义了类的类别规则，并根据类别加上下面所列的前缀：

T 类　行为和内置的基本数据类型一致。T 代表类型。T 类没有析构函数，因此，它们绝对不能包含任何具有析构函数的数据成员。T 类包含的所有数据都在内部，即不通过指针、引用或句柄来持有数据，除非该数据是属于另外一个对象并由其负责清理（见 6.2.2 节）。从 Symbian 操作系统 9.1 开始，T 类已经不再完全是这样了。现在的 T 类可以有析构函数，并且可以在 T 类对象超出其作用域时调用它的析构函数（这是由于 Symbian 操作系统 9.1 开始，引入了标准 C++异常机制——译者注）。

C 类　与 T 类不同，C 类对象必须始终在堆上创建，并可以持有指针的所有权。同时，它们都是 CBase 的派生类（见 e32base.h）。这个基类的被所有的 C 类继承，主要的作用包括（i）*安全销毁*：CBase 有一个虚析构函数，所以，CBase 的派生对象可以通过 CBase 指针安全地析构；（ii）*零初始化*：CBase 重载运算符 new 来零初始化一个首次在堆上分配的对象，因此，所有 CBase 的派生对象在第一次创建时，它们的成员数据都将被置零，也就不再需要在构造函数中显示地将成员函数置零；（iii）*私有的复制构造函数和赋值运算符*：CBase 类这样声明，可以防止执行一些非法的复制对象操作（例如，对有指针的类进行浅复制——译者注）。在实例化时，一个 C 类通常要调用可能会失败的代码，为了避免内存泄露，应该使用被称为"二阶段构造"的技术，见 6.2.3 节。

R 类　R 类包含外部资源的一个句柄，例如，一个服务器会话的句柄。它们一般不包含除资源句柄外的其他成员数据。R 类可作为类的成员变量或局部的栈变量存在。无论在任何时候，使用堆上的 R 类都必须确保内存被正确地释放（见 6.2.2 节）。R 类对象必须使用清除栈保证其在可能异常退出的函数中是异常安全的。

M 类 M 类或"接口类"通常被用在回调函数或观察者（Observer）类中。因此，它们是抽象接口类，只包含纯虚函数的声明，也没有成员数据。请注意，大多数情况下，只为 M 类定义纯虚函数。

静态类 没有前缀字母，而且只包含静态成员函数。它们被用来实现不能被实例化的实用工具类，例如，User 和 Math。你可以通过范围限定符来调用它们的函数，如 User::After(200)，从而使当前正在运行的线程暂停 200 微秒。一个静态类有时也用于实现一个工厂类。

此时，你可以发现使用类的命名约定有助于对象的创建、使用和销毁，而且用户定义类的行为总是可以和 Symbian 操作系统类的特性相匹配。这种风格保证即使你不熟悉一个类，也可以知道如何以正确的方式去实例化、使用并销毁一个对象，从而避免内存泄露。

6.1.1 描述符

描述符（Descriptors）用来封装 Symbian 操作系统的字符串和二进制数据，并用于数据的实际操作及提供对数据的访问方法。描述符为内存受限的设备提供高效、安全的字符串和二进制数据的处理。它们是安全的，因为缓冲区是可以控制的而且程序员能控制内存的使用情况。每个描述符对象保存了字符串数据的长度以及描述符的类型，类型标识了基础数据的内存布局。描述符包含长度信息，它们并不需要以"null"结束，因此，可用于存储二进制以及文本数据。描述符还可以存在于任何 8 位 ASCII 或 16 位 Unicode 格式。数据描述符类中有单独的类用于将数据存储到描述符中，叫做缓冲描述符。如果数据存储在另一块独立的内存，则叫做指针描述符。此外，对于栈描述符和堆描述符还有更多的区别。有些描述符是只读的，只读描述符用于查找和比较；还有些描述符是可修改的，可以格式化、替换、添加描述符数据。

图 6.1 展示了许多不同的描述符类，它们共用相同的基类。这些基类为可修改和不可修改的描述符操作提供了通用 API，这些操作对于不同类别的实现都是不变的。描述符有 3 种类型。

缓冲区描述符（Buffer Descriptors） （字符串）数据是描述符对象的一部

分，这些数据通常保存在栈上。它们用于保存少量的数据而且有固定的最大长度限制。TBuf<n>和 TBufC<n>都是缓冲区描述符。

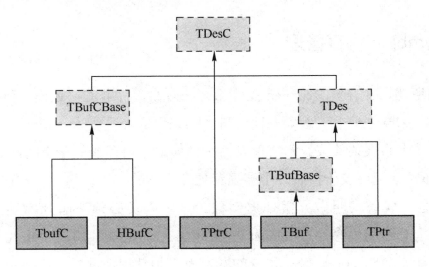

图 6.1　描述符类的继承树

堆描述符（Heap Descriptors）　（字符串）数据是描述符对象的一部分，数据通常保存在程序的堆上。它们用于保存大量数据，而且可以调整大小。堆描述符的一个例子是 HBufC。

指针描述符（Pointer Descriptors）它包含一个指向（字符串）数据的指针，这些数据保存在其他地方（堆、栈）。TPtr<n>和 TPtrC<n>都是指针描述符。

从图 6.1 中可以看到有些描述符类名以 "C" 为扩展名，这表示该描述符是不可修改的。描述符是在基类 TDesC 和 TDes 的 Length()、Size()、Find()等常函数（Constantfunctions）基础上实现的。描述符类 TPtrC、TBufC 和 HBufC 直接继承于 TDesC 类。具体类（指各个描述符类型）只添加了构造过程中需要的初始化数据（Set()函数也完成相同的功能）。TDes 类是从 TDesC 派生而来，并实现修改数据的函数，如 Copy()、Append()、Format()、Replace()以及 Trim()等。成员变量用于保存数据描述符的最大长度。

6.1.2　数组

Symbian 操作系统中没有实现标准模板库（STL）中的集合类，取而代之的是可以用来定义静态和动态数组的各种类。本节将介绍这些类。最基本的是静态数组类 TFixedArray，如果在编译时就知道数组的大小就可以使用它。

6.2 Symbian 内存管理

如前所述，在开发 Symbian 操作系统的时候，标准 C++还没有异常处理机制。因此，Symbian 中引入了一种名叫"leave"的轻量级 Symbian 异常处理机制。每当一个错误条件或异常事件发生时，如缺乏内存或外存空间，leave 就会发生。leave 会把错误传播到一个能妥善处理错误的代码调用点（被称为 TRAP 结构），这些代码又叫做异常处理例程。开发人员必须考虑到本地资源，例如，在堆上分配的内存，可能成为无人管理（Orphaned）的，因此,可能导致内存或句柄泄露。Symbian 操作系统的开发者必须使用清除栈（Cleanup Stack）记录一些由一个指针指向的资源。当发生 leave 时，清除栈负责清除这些动态分配的资源。

请注意，现在可以更容易地移植标准 C++代码到 Symbian 操作系统，因为从 Symbian 操作系统 v9 开始，它支持 C++标准异常。另一方面，基于 leave 的错误处理依然是 Symbian 操作系统的基础部分。因此，即使只使用标准 C++异常，你也必须使混合 leave 和异常的移植代码能像预期一样工作。

6.2.1 Leave 和异常处理

在 Symbian 操作系统中命名规范的使用是很严格的，对于可 leave 的方法也是如此。一个函数的名字以 L 结尾表明这个函数可能 leave，或者抛出一个异常，如 ConstructL。一个函数的名字以 LC 结尾表明这个函数可能 leave，同时它还将向清除栈推入一个条目（Item）。最后，一个函数的名字以 LD 结尾表明这个函数可能 leave，而且已经推入清除栈的条目（Item）可以被释放。leave 将终止正在运行的函数，然后这个 leave 会逐层传递给调用它的各级函数，直到找到第一个包含 TRAP()或 TRAPD()宏的函数为止。leave 函数的示例如下：

```
void ProcessL(){
```

```
2   //...
3   if(error)
4       User::Leave();
5 }
```

User::Leave()是调用 leave 机制的一个静态函数。每当想捕捉异常时，你就必须定义相应的捕获函数，例如：

```
1 void CatchingL(){
2   //...
3   ProcessL();
4   //
5 }
```

同时你必须像下面这样设置一个 trap：

```
1 TRAPD(error,CatchingL());
2 if(error){
3 }
```

请注意，函数 leave 时，它会立即返回，从而将当前分配的对象遗留在堆上，导致内存泄露。为了避免这种情况，你必须确保 leave 时没有内存遗留。因此，leave 机制和资源管理以及清除栈系统关系紧密，接下来将讨论这些问题。

6.2.2　清除栈

为了确保堆上分配的对象被正确释放，系统中有一种名为"清除栈（Cleanup Stack）"的"栈"，那些要在后面释放的对象将被推入其中。考虑如下代码片段：

```
1 CDemo* demo=new CDemo;
2 OperationThatCanLeaveL();
3 delete demo;
```

如果 OperationThatCanLeaveL()异常退出，代码 delete demo 将永远不会执行，从而 demo 对象将被遗留在堆上。你必须像如下所示这样使用清除栈，以避免这样的泄露发生：

```
1 CDemo* demo=new CDemo();
2 CleanupStack::PushL(demo);
3 OperationThatCanLeaveL();
4 CleanupStack:: PopAndDestroy()
```

如你所看到的，必须释放的对象被压入清除栈。如果运行过程中没有发生异常，对象将从栈中弹出，然后自动销毁。当函数异常退出时，由于清除栈的作用，清理工作也会照常进行。清除栈是最重要的，因为需要由它来释放那些可能在异常离开时成为无人管理（Orphaned）的任意字节的数据。当使用 new 或者 NewL 创建一个对象时，如果接下来有任何可能异常退出的情况，你就必须把它推入清除栈。另一方面，如果使用 NewLC 创建一个对象，则它已在创建后被压入清除栈。当不再需要这个对象时，它可以被正确地释放。如果对象已经在清除栈上，就应该将其从清除栈上弹出再释放它，也可以调用 PopAndDestroy 一次完成上述两个动作。有时候，对象的所有权（Ownership）可能会发生改变。例如，你把一个对象放入数组，数组将得到对象的所有权，当清理数组的时候，这些对象也会被释放。在这种情况下，你需要把对象弹出清除栈，以避免重复释放。可以通过 Pop(object)语句来完成，object 参数不是必需的，它只是为了确保弹出的是预期的对象。虽然没有必要指定 object，但它对于调试时捕捉错误非常有用（如果弹出的对象和参数不匹配，程序将 panic）。在发行版本中，这个检查将被禁用。请注意，清除栈可用在其他方面。例如 R 类，它定义一个外部资源，在使用后必须关闭。你可以执行 CleanupClosePushL 把它压入清除栈，当PopAndDestroy()执行时资源将被关闭。

6.2.3 二阶段构造

二阶段构造保证正在构造和初始化的对象在被推入清除栈之前不会异常退出。每当对象在堆上构造时，它将同时被构造函数初始化。考虑一下构造函数异常退出的情况：已经为对象分配的内存以及构造函数已经分配的其他内存就会成为无人管理（Orphaned）的。为了避免这种情况的发生，构造函数中的代码绝不能异常退出。注意，所有的 C 类对象都应该通过使用二阶段构造来完成初始化：

1. 第一阶段是由 new 操作符调用的标准 C++构造函数。要避免内存泄露，此构造函数不能存在可能发生异常退出的代码。

2．第二阶段构造函数，把可能异常退出的代码都放在这里。第二阶段构造函数通常命名为 ConstructL。在它被调用时，对象已经被推入清除栈，所以，为对象分配内存是安全的。发生异常退出时，清除栈调用析构函数释放已成功分配的任何资源，并释放对象本身分配的内存。

类通常会提供一个公开接口，这个公开接口封装了两个阶段的构造函数，为实例化对象提供一个简单易用的方法（这样两个单独的阶段构造函数就可以被声明为私有的或者保护的，以避免错误的使用）。这个工厂函数通常称为 NewL()，它是静态的，所以，可以在没有对象实例时调用它。

请注意，在类 CExample 中还有一个 NewLC()函数。这个函数也是工厂函数，但它的实现是，在它返回后，会向清除栈压入对象指针。

NewL()工厂函数是在 NewLC()函数的基础上实现的。这样的实现可能稍微会有点低效，因为它需要一个额外的 PushL()将对象指针压入清除栈中。NewL()和 NewLC()都将返回一个已经构造完全的对象，要么因为没有足够的内存分配给对象（比如操作符 new(ELeave)异常退出），要么因为第二阶段构造函数 ConstructL()发生异常退出。这就意味着，如果一个类完全是通过二阶段构造实现的，这个类的实现中可以完全不需要在使用类的成员变量之前对它们加以检查（if(pObj!=NULL)）。也就是说，如果一个类存在，就说明它已经被完全构造好了。由于不需要对每个成员变量都加以检查，所以，实现反而更加有效率。

6.2.4　轻量模板

轻量模板，也叫瘦模板（Thin Templates），允许在 Symbian 系统中重用代码以避免代码冗余。在轻量模板模式中，所有的功能都是通过一种无类型（Non-typed）的基类提供的。

```
1  class CArrayFixBase
2      {
3      IMPORT_C const TAny*At(Tint aIndex)const;
4      }
```

这个基类用的是真代码，因此其二进制实例只存在一次。这段代码是从动态链接库（DLL）导出的。这样的基类可以包含很多代码。派生的模板类可以像如下这样实现：

```
1  class CArrayFix<T>:public CArrayFixBase
2    {
3    inline constT& At(TInt aIndex)const
4      {
5      return(*((const T *)CArrayFixBase::At(anIndex)));
6      }
7    }
```

因为这个类仅使用内联函数，所以，它不会产生额外的代码。然而，由于类型转换被封装在内联函数中，所以，这个类对于用户来说是类型安全的。派生模板类非常轻量（Thin）：它没有生成任何新的代码。用户可以像使用普通模板类一样使用轻量模板类。Symbian 操作系统在容器等地方使用了轻量模板。技术的细节对应用程序员来说是透明的，这使得他们能够像使用普通 C++ 的 STL（标准模板库）容器一样使用它们。Symbian 操作系统使用容器的示例如下：

```
1  CArrayPtrSeg<TInt>avararray(16);
2  CArrayPtrSeg<TBool>anotherarray(32);
3  avararray.Insert(TInt(20)); //works fine
4  anotherarray.Insert(TInt(-1)); //does not compile
5  //go to Boolean array
```

在这个例子中，普通模板将为整数数组和布尔数组生成单独的代码。在轻量模板模式中，程序代码只有一份，但对所有类型，如整数、布尔值的数组类型都是类型安全的。

6.3   可执行文件

Symbian 操作系统中常用的目标类型是 DLL、EXE 和 PLUGIN。EXE 可以单独运行。DLL 可以动态地链接到加载它的程序中。DLL 可以继续被分为多种不同的类型。其中最常用的两种是共享库 DLL（Sharedlibrary DLL）和多态

DLL（Polymorphic DLL）。共享库 DLL 提供固定的 API，API 中有多个可能被用户调用的入口点。当程序使用到共享库 DLL 时，这些 DLL 会被系统自动加载。多态 DLL 是用来实现如设备驱动或者 GUI 程序这样的抽象 API（即接口为 C++ 抽象类——译者注）。其他支持 DLL 的类型分别是物理设备驱动（PDD）、逻辑设备驱动（LDD）以及静态库（LIB），静态库所含有的二进制代码可在编译时与程序连接；还有能导出函数给其他 DLL 或者 EXE 使用的 EXEXP。ECOM 插件允许你把函数封装到一个 DLL 中，并使得多个客户端可以通过一个接口类来访问它们。ECom 是 Symbian 系统中的一个 Client/Server 框架，用于提供插件服务，可以实例化、解析以及清除插件。UID 是一个用来唯一标识二进制文件的 32 位数，可以是如下这样：

UID1 是系统级的标识符，用于区分 EXE 和 DLL，而且它根据目标类型被生成工具内置到二进制文件中。

UID2 是用来区分共享库和多态接口 DLL。例如，共享库中 UID2 是 KSharedLibraryUid（0x1000008d）。多态 DLL 的 UID2 值取决于插件类型。

UID3 唯一标识一个文件。两个可执行文件不能有相同的 UID3 值。值必须从 Symbian 获取，Symbian 从中央数据库中分配，以确保每个二进制可执行文件都具有不同的值。

可执行程序有 3 种二进制数据：程序数据、只读静态数据和读/写静态数据。Symbian 操作系统中的 EXE 程序不能共享。因此，每次程序运行时，它得到的所有这 3 种类型数据分配的内存是全新的。唯一例外的是安装在 ROM 中的 EXE 文件。基于 ROM 的 EXE 文件只需要给可读/写的程序数据分配内存。在这种情况下，程序代码和只读数据都直接从 ROM 读取。这是一种节省昂贵的内存同时提高效率的优化。基于 ROM 的 EXE 是在原地执行，因此不需要复制。

动态加载链接库都是共享的。当 DLL 是首次加载时，它被重定位到一个特定的地址。当第二个线程需要同一个 DLL 时，它被连接到代码相同的副本。所以，不需要再次加载。在所有正在使用它的线程中，同一个 DLL 驻留在同样的内存地址。Symbian 操作系统会维护一个引用计数，因此，如果没有任何线程正在使用它，该 DLL 被卸载。因为 Symbian 操作系统的 DLL 是共享的，所以，它们不能有可写的静态数据。

请参阅 www.symbiansigned.com 以及 SDK 中的 Symbian 开发者文档详细了解 UID。

6.4 平台安全

Symbian 操作系统 v9.1 是一个安全的平台，因为操作系统的改变扩展了平台的安全模型，并确保加强安全保护能力，防止恶意软件或设计糟糕的软件任意传播。该安全模式运行在软件层，检测并防止未经授权的软件访问硬件、软件以及系统或用户数据。这样就避免了如锁定手机、影响用户数据，或者影响其他软件或网络的问题出现。这种安全模式可以防止程序以不可接受的方式运行，不管是有意还是无意的。

每当应用程序安装时，Symbian 操作系统的安装程序就会通过由受信任的机构颁发的数字签名验证应用程序是否具有合适的能力。能力是 Symbian 操作系统分配给进程的特权级别，由系统内核保存，授予相应的信任级别以保证进程不能滥用相应特权级别的特权服务。这样的分配过程可以保证进程不能给自己分配比安装时更高的特权级别。Symbian 系统中一共有 20 种能力，而且必须被包含在程序的 MMP 文件中。参考 SDK 帮助获得更多关于它们的详细信息。

6.5 活动对象

Symbian 操作系统通过活动对象提供轻量级事件驱动多任务，简化在单线程上的异步编程任务。因此，活动对象提供发出异步请求、测试任务完成以及处理任务结果的方法。应该优先使用活动对象而不是线程，以减少上下文切换带来的开销，并高效地使用系统资源。接下来你将了解更多关于活动对象的细节以及使用它们的方法。

活动对象的基类是 CActive。你必须创建一个 CActive 派生类，定义一个方法。此方法进行异步调用，并实现一些用于活动对象操作的基类的方法。

活动对象调度器是系统的一个组成部分，它负责管理活动对象并决定哪个活动对象与特定事件相关联。此外，它还执行活动对象对该事件的处理。总的来说，它里面有一个循环在检查是否有活动对象的任一事件处理结束。在这种情况下，调度器将调用活动对象的方法来提醒这个事件。该方法对应 CActive 的 RunL 方法，每个 CActive 的派生类都必须实现它。活动对象执行该事件的响应之后，调度器将返回到准备状态。调度器运行在非抢占模式下。因此，活动对象不能为了切换到另一个活动对象而被中断。活动对象必须运行到当前任务完成。

要创建一个活动对象，你必须创建一个 CActive 派生类，它的定义在 e32base.h。CActive 是一个抽象类，它有两个纯虚函数：RunL() 和 DoCancel()。下面的代码片段定义了一个活动对象：

```
1  CmyActive class:public CActive
2  {
3  public:
4      static CmyActive * NewL();
5      CMyActive();
6      ~CMyActive();
7      InvokeAny Service void (); // Asynchronous call
8  public:
9      //Declared in CActive
10       //It is executed when the asynchronous call is completed(mandatory)
11     RunL void();
12     //Define what to do to cancel a call in progress(required)
13     DoCancel void();
14     //Call to treat leaves that may occur in RunL(optional)
15     TInt RunError(TInt err);
16  private:
17     void ConstructL();
18     TRequestStatus iStatus;
19  }
```

要创建一个活动对象，必须执行以下步骤：

1. 定义创建活动对象的函数（ConstructL()，NewL()）。

2. 注册活动对象到活动对象调度器。

3. 定义并实现代表了异步调用的函数。

4. 重新实现 RunL()，这将在开始处理异步调用时执行。

5. 重新实现 DoCancel()，能够取消一个正在进行中的异步调用。

6. 定义析构函数，它调用 CActive 类的 Cancel()，这样如果对象被销毁，所有的异步调用都将被取消。

7. 重定义 RunError() 方法处理异常和异常退出。注意，这一步是可选的。

活动对象在实现时是允许有优先级的。可以在同时运行多个活动对象时使用这个特性。CActive 类的一个成员，枚举类型 TPriority 定义了活动对象的优先级标准取值。类的构造函数 CActive 要求一个确定的优先级，这样所有的派生类都必须满足这个要求。

```
1 CMyActive:CMyActive()
2 :CActive(CActive:EPriorityStandard)
3 {}
```

NewL() 方法负责通过调用 ConstructL 来构造类的实例。

CActiveScheduler 是活动对象的调度器，你可以调用这个类的静态方法 Add() 把活动对象注册到调度器中。

```
1 CMyActive:CMyActive()
2 :CActive(CActive:EPriorityStandard)
3 {
4     CActiveScheduler::Add(this);
5 }
```

你也可以在 ConstructL() 或者 NewL() 中完成这个调用。活动对象在销毁时会自动从调度器中删除，所以，你不需要显式地从活动对象调度器中删除它。

活动对象中提供了公开的方法来执行异步服务的初始化请求。标准的行为如下：

1. 在进行调用之前，检查是否存在已经发出的请求非常重要。因为在实践中，每一个活动对象只能有一个正在执行的请求。

2. 在提交请求，异步地把 TRequestStatus 的成员变量 iStatus 传递给服务提供者，在异步请求开始之前，设置这个值为 KRequestPending。

3. 如果请求成功，方法 SetActive() 必须被调用，以表示有待处理的请求而且活动对象在等待中。CActive::SetActive()的调用表明一个请求已经提交，目前正在执行。

当与请求相关的处理完成后，调度器调用活动对象的 RunL()方法。注意，一个活动对象类必须实现从 CActive 基类继承而来的纯虚方法 RunL()。异步请求的当前状态可以通过监视活动对象中的 TRequestStatus 的成员变量 iStatus 来获取，这个变量和传递给异步调用函数中的参数是一样的。

任何活动对象如果想取消异步请求，就必须实现从基类继承来的纯虚函数 DoCancel()，在 DoCancel 的实现中会调用适当的方法来取消异步请求。CActive::Cancel()调用 DoCancel()然后请求完成的通知。这个方法不能异常退出，因为它可以在活动对象的析构函数中被调用。你应该注意，取消活动对象的时候，它的 RunL()方法没有执行。这样 DoCancel()方法将释放发出释放请求时正在使用的资源。

6.6 错误处理

发生在 RunL()中的异常退出由 RunError()方法来处理。参数表示异常发生时的错误码。如果错误被它处理了，这个方法应该返回 KErrorNone。如果返回其他的值，活动对象调度器将负责错误处理。

需要注意的是，使用活动对象时，一些可能的错误（致命错误 panic）会发生，原因是异步请求完成后，调度器无法确定该由哪个活动对象来处理，此时调度器就会产生一个致命错误（panic）。可以参照文献，如 Aubert（2008 年），来了解关于这种状况以及活动调度器的行为的更详细信息。

6.7 线程

针对多任务，更具体地说，当你从其他平台移植代码或者编写有实时要求的代码时，你可以使用线程而不是活动对象。Symbian 操作系统提供了 RThread 类来操作线程，它定义了一个线程的句柄。请注意线程本身是一个内核对象。

线程创建时是挂起状态，你可以调用 RThread::Resume()来初始化它的执行。线程的调度是抢占式的，同一优先级的线程是轮转调度的。线程可以通过调用 RThread::Suspend()来使其挂起，因而也不再被调度。可以调用 Resume()使线程重新运行。调用 Kill()或者 Terminate()通常会结束线程的执行，你也可以调用 Panic()来表示程序错误。

6.8　Qt for Symbian

6.8.1　结合 Qt 和本地 C++的功能

Qt 的 Symbian 版本被设计用来在 Symbian 设备上提供和 Avkon 一样的性能，它建立在原生 Symbian 和 Open C 系列函数库之上。如图 6.2 所示，Symbian 的 Qt 程序可以访问 Qt 函数库、Open C 函数库甚至是 Symbian 的原生函数库。同样的，Symbian 的 Qt 函数库也可以访问 Open C 函数库和 Symbian 的原生函数库。

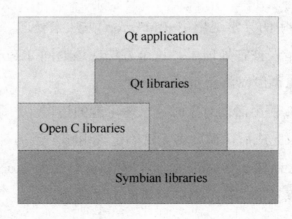

图 6.2　Qt/Symbian 接口

Qt 的应用程序的标准入口点是 main()函数。在 Qt/Symbian 程序中，S60Main 方法实现了初始化 Symbian UI 框架的函数 E32Main()，完成了 CaknApplication、CAknDocument 以及 CAknAppUI 这些类的实例化，并创建了控件环境以及主线程的活动对象调度器。最后，S60Main 方法还调用了 Qt 的

main()函数。

在撰写本书时，已经移植到 Symbian 的 Qt 4.6 版本库包括 QtCore、QtGui(部分)、QtNetwork、QtScript、QtSvg、QtTest、QtWebKit 以及 QtXml。

6.8.2　在 Symbian 环境中生成 Qt 应用程序

虽然 Qt/Symbian 工程在底层使用 Symbian 工具链，但是不同工程是用不同方法创建的。首先标准的 Qt 构建工具封装了 Symbian 工具。也就是说，我们需要使用标准的 Qt 工程文件，如.prj 和.pro，而不是直接使用 Symbian 工程文件。更确切地说，就是要像其他非 Symbian 的 Qt 程序一样使用 make 和 qmake 来编译这些文件。图 6.3 说明了 Symbian 和 Qt 工具链的整合。

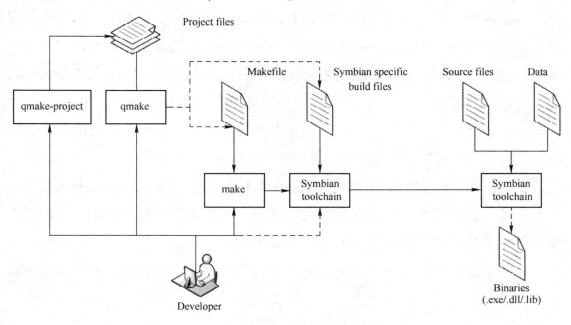

图 6.3　Symbian 和 Qt 工具链的整合

开发者必须首先使用 qmake-project 命令来生成工程文件。这就像标准的 Qt 工程一样，这个命令在当前文件夹中寻找.h、.cpp 以及.ui 这样的文件，然后生成.pro 文件。这样开发者就可以使用 qmake 命令从.pro 文件生成 Makefile 工程文件。同时，还会生成 Symbian 的编译项目，例如，bld.inf 文件、.mmp 文件、_reg.rss 默认注册文件、以.mk 为扩展名的 Makefile 以及.pkg 的打包文件。

由 qmake 生成的著名的 Makefile 文件也是对 Symbian 工具的封装。make 在执行时调用 bldmake 和 abld 来编译 Qt 程序。命令执行完如果没有错误发生，二进制文件就生成好了。

对于一些开发者来说，使用命令行工具将增加额外的开发难度。另一种方法就是在 Carbide.c++开发环境下使用它们。Carbide 为工程创建、编译、提示和 UI 设计都提供了支持。要创建一个新的工程，单击 **File→New→QtProject**，然后根据向导继续。

6.8.3　区分 Qt 和 Symbian 实现

虽然诺基亚力图给它的设备提供全面的 Qt 支持，但是在一些情况下需要使用 Symbian 代码来访问设备的一些功能。例如，访问传感器 API，Qt 中就没有直接支持磁力仪（Magnetometer）API（本书翻译时最新的 QtMobilityAPI 已经支持此功能——译者注）。主要的不足就是需要显式地把 Symbian 代码和 Qt 代码分开，尤其是需要把应用程序移植到其他平台的时候。通过这种方式，与 Symbian 平台相关的代码可以通过使用私有实现模式（Pimpl）轻易地被其他平台的代码替换。私有实现可以通过封装类来完成。

接下来，我们将介绍如何通过 pimpl 模式来实现从 Qt 访问 SymbianAPIs。这个示例程序使用活动对象从磁力仪获取数据，然后使用 QLabel 来更新设备显示。需要以下的文件来完成这个任务：

1. MagnetoWidget.pro：这是 Qt 工程文件，用于生成编译工程的 Makefile 文件。

2. main.cpp：Qt 应用程序的入口。

3. MagnetoWidget.h 和 MagnetoWidget.cpp：这些是用来在显示设备上显示磁力仪数据的 Qtwidget 的头文件和源文件。

4. AOWrapper.h 和 AOWrapper.cpp：用于访问平台相关 API 的封装类，这里的平台是 Symbian。

5. AOWrapperPrivate.h 和 AOWrapperPrivate.cpp：Symbian 平台上用于访问传感器 API 封装类的头文件和源文件。

工程文件

让我们从一个 MagnetoWidget.pro 文件开始说明，通过修改这个文件来指定 Qt 文件类别和平台相关的文件类别。一个典型的 Qt 工程文件看起来如下：

```
1 TARGET = MagnetoWidget
2 QT += core \
3     gui
4 HEADERS += AOWrapper.h \
5     MagnetoWidget.h
6 SOURCES += AOWrapper.cpp \
7     MagnetoWidget_reg.rss \
8     main.cpp \
9     MagnetoWidget.cpp
```

TARGET 变量指明了将要生成的目标应用程序。QT 是用来指定那些需要编译到工程里面的 Qt 函数库。我们在例子中添加了 QtCore 和 QtGui。最后 HEADERS 用来指定头文件，SOURCES 用来指定工程需要的源文件。为了支持平台相关的类，需要在上面的 MagnetoWidget.pro 文件中加入用于平台相关文件的一段代码。在我们的例子中，MagnetoWidget.pro 如下所示：

```
1 TARGET = MagnetoWidget
2 QT += core \
3     gui
4 HEADERS += AOWrapper.h \
5     MagnetoWidget.h
6 SOURCES += AOWrapper.cpp \
7     MagnetoWidget_reg.rss \
8     main.cpp \
9     MagnetoWidget.cpp
10 symbian {
11    TARGET.UID3 = 0xE5D4CBCC
12    HEADERS += AOWrapperPrivate.h
13    SOURCES += AOWrapperPrivate.cpp
14    LIBS += -lsensrvclient \
15        -lsensrvutil
16 }
```

请注意加在文件最后的 7 行。这些行指定了 Symbian 平台相关的文件。其中的 LIBS 指明了编译需要的 Symbian 库文件，而 HEADERS 和 SOURCES 指明了头文件和源文件。可以有多个平台相关的段。在这种情况下，编译器将根据目标来决定编译哪些文件。

Qt 类

第一个 Qt 类是 MagnetoWidget，它对应的是用于在显示设备上显示磁力仪数据的 widget。这个类从 QtWidget 继承而来，其中包括我们例子里的所有 UI 元素。我们的例子非常简单，主要目的是展示如何将 Qt 类和 Symbian 平台相关的类区别开来，以及 UI 只能在 MagnetoWidget 的构造函数中实现。

```
1  MagnetoWidget::MagnetoWidget(QWidget *parent) : QWidget(parent)
2  {
3      wrapper = new AOWrapper(this);
4
5      QGridLayout *layout = new QGridLayout;
6
7      QLabel *aLabel = new QLabel(this);
8      aLabel->setAlignment(Qt::AlignHCenter);
9      aLabel->setText("Angle From Magnetic North:");
10     layout->addWidget(aLabel, 0, 0);
11
12     angle = new QLabel(this);
13     angle->setAlignment(Qt::AlignHCenter);
14     angle->setText("");
15     layout->addWidget(aLabel, 1, 0);
16
17     setLayout(layout);
18
19     connect(wrapper, SIGNAL(angle_changed(int)), angle, SLOT(setText(
          QInt)));
20  }
```

在第三行中，活动对象的封装类被实例化了。AOWrapper 给所有的平台访问传感器提供了一个抽象层 API。这样，如果我们需要开发一个能在多个平台上运行的程序，Qt 类只需要引用到 AOWrapper 这一个类。在第九行中，信号 angle_changed 被连接到 Qlabelangle 的 setText 这个槽上，它可以显示从磁力仪

（Magnetometer）读取的数据。简单来说，每当从传感器读取的数据发生变化，就会有信号发送到 angleQLabel，然后更新上面的文本。余下的代码使用一般的 Qt 代码：

```
1  class AOWrapper:public QObject
2  {
3      Q_OBJECT
4
5  public://Class constructor and destructor
6      AOWrapper(QObject*parent=0);
7      virtual~AOWrapper();
8
9  signals://Signals to connect with private classes with UI
10     void angle_changed(int angle);
11
12 private://Pointer to private classes
13     CAOWrapperPrivate *d_ptr;
14
15 private://Friend class definitions
16     friend class CAOWrapperPrivate;
17 };
```

被 MagnetoWidget 用到的 AOWrapper 类是用于访问 Symbian 平台相关代码的封装类。它有一个构造函数、一个析构函数，还有平台相关类的一个指针。例子中我们只有一个平台相关的类：d_ptr 允许从公开类引用私有类。

公开类的构造函数在初始化私有类的时候通过 this 指针把自己传递给私有类，这样就可以允许私有类访问自己的方法。注意，在上面的类的定义中，私有类被声明为友元类。这是为了允许平台相关的私有类访问公开的 Qt 类。更确切地说，私有类需要访问在公开类中定义的信号：

```
1  /*
2   * AOWrapper constructor
3   */
4  AOWrapper::AOWrapper(QObject *parent) : QObject(parent)
5  {
6      d_ptr = CAOWrapperPrivate::NewL(this);
7  }
```

```
8
9   /*
10  * AOWrapper destructor
11  */
12  AOWrapper::~AOWrapper()
13  {
14      delete d_ptr;
15  }
```

Symbian 平台相关类

公开类负责提供可以从 Qt 源代码中访问不同平台的资源的唯一方法。现在我们要讨论如何实现 Symbian 平台相关的用于访问平台资源的类。我们的例子使用传感器 API 从磁力仪获取数据。这些数据可以实现很多有趣的应用——从一个简单的指南针到一个可以根据用户行进方向来旋转屏幕的完整的导航系统。

所有 Symbian 平台相关的代码都应当在私有类中实现。如果应用程序需要被构建到多个平台，可能对于每个目标平台都需要自己的平台相关类。为了实现跨平台，私有类实现的头文件和源文件应该根据目标平台加入工程中。

CAOWrapperPrivate 是用于访问传感器的 API，它是一个活动对象，它是 CActive 类的派生类。这样才能允许它通过传感器来不断地更新数据。CAOWrapperPrivate 使用 Symbian 的二阶段构造函数，所有的对象都通过 NewL 这个方法来实例化。下面是它的完整定义：

```
1   class CAOWrapperPrivate : public CActive
2   {
3   public: // Magnetometer data
4       TInt iMagnetometerCalibrationLevel;
5       TInt iAngleFromMagneticNorth;
6       TTime iAngleFromMagneticNorthTimeStamp;
7
8   public:
9       // C++ constructor
10      CAOWrapperPrivate(AOWrapper *aPublicAPI = 0);
11
12      // Cancel and destroy
13      ~CAOWrapperPrivate();
14
```

```
15        // Two-phase constructor
16        static CAOWrapperPrivate* NewL(AOWrapper *aPublicAPI = 0);
17
18        // Two-phase constructor
19        static CAOWrapperPrivate* NewLC(AOWrapper *aPublicAPI = 0);
20
21 public:
22        // Function for making the initial request
23        void StartL(TTimeIntervalMicroSeconds32 aDelay);
24
25 private:
26        // Second-phase constructor
27        void ConstructL();
28
29 private:
30        // Handle completion
31        void RunL();
32
33        // How to cancel me
34        void DoCancel();
35
36        // Override to handle leaves from RunL(). Default implementation
          causes
37        // the active scheduler to panic.
38        TInt RunError(TInt aError);
39
40    // Find magnetometer sensor channel and open it
41        void CAOWrapperPrivate::FindAndOpenChannel();
42
43    // Get angle from north pole
44        void CAOWrapperPrivate::getAngleFromMagneticNorth();
45
46    // Get the calibration level
47        void CAOWrapperPrivate::getCalibrationLevel();
48
49    // Set calibration level to on/off
50        void CAOWrapperPrivate::setAutoCalibration(bool val);
51
52 private:
53    enum TAOWrapperPrivateState
```

```
54          {
55              EUninitialized, // Uninitialized
56              EInitialized, // Initialized
57              EError
58              // Error condition
59          };
60
61  private:
62          TInt iState; // State of the active object
63          RTimer iTimer; // Provides async timing service
64
65          AOWrapper *q_ptr; // Pointer to public implementation
66
67      // Channels to access magnetometer sensor data
68          CSensrvChannel* iMagnetometerSensor;
69          CSensrvChannel* iMagneticNorthSensor;
70  };
```

为了访问传感器 API，我们需要 sensrvchannel.h、sensrvchannelinfo.h、sensrvtypes.h、sensrvchannelfinder.h 还有 sensrvdatalistener.h 这些头文件。磁力仪 API 需要 sensrvmagneticnorthsensor.h 和 sensrvmagnetometersensor.h。

CAOWrapperPrivate 的构造函数得到了 CAOWrapper 公开实现的一个指针。这个指针可以在后面用来发送只是传感器数据发生变化的信号。构造函数还初始化公开的属性字段。像通常一样，构造函数 NewL 和 NewLC 也实现了，但在这里我们忽略了它们。活动对象的一些其他函数也同样被忽略了：

```
1  CAOWrapperPrivate::CAOWrapperPrivate(AOWrapper *wrapper)
2      : CActive(EPriorityStandard), q_ptr(wrapper) // Standard priority
3  {
4      iMagnetometerCalibrationLevel = 0;
5      iAngleFromMagneticNorth = 0;
6      iAngleFromMagneticNorthTimeStamp = 0;
7  }
```

在活动对象中，RunL 方法被周期性地执行。执行的频率是由开发者决定的。RunL 在它第一次执行的时候使用 FindAndOpenChannel()打开了传感器通道。从那时开始，它就一直检查传感器的校准级别，如果太低的话，就会设置为

自动校准。如果校准级别很好，就从传感器取出数据，然后发出一个信号
（emitq_ptr->angle_changed()）：

```
1  void CAOWrapperPrivate::RunL()
2  {
3      if (iState == EUninitialized) {
4
5      // In the first run should find and open sensor channels
6          FindAndOpenChannel();
7          iState = EInitialized;
8      } else if (iState != EError) {
9
10          getCalibrationLevel();
11
12          if (iMagnetometerCalibrationLevel >= 2) {
13
14              TSensrvMagneticNorthData magNorthData;
15              TPckg<TSensrvMagneticNorthData> magNorthPackage(
                    magNorthData);
16              iMagneticNorthSensor->GetData(magNorthPackage);
17
18              iAngleFromMagneticNorth = magNorthData.
                    iAngleFromMagneticNorth;
19              iAngleFromMagneticNorthTimeStamp = magNorthData.
                    iTimeStamp;
20
21              emit q_ptr->angle_changed(iAngleFromMagneticNorth);
22          } else {
23
24          // If calibration level is too low, set auto calibration ON again
25              setAutoCalibration(true);
26          }
27      }
28
29      iTimer.After(iStatus, 1000000); // Set for 1 sec later
30      SetActive(); // Tell scheduler a request is active
31  }
```

打开传感器通道需要如下的步骤：

1. 实例化一个通道发现者对象。

2．根据搜寻准则查找通道。

3．打开传感器通道。

采用这种方法，我们需要实例化一个 CSensrvChannelFinder 对象，它被用来根据 TSensrvChannelInfo 对象确定的搜寻准则来寻找一个合适的通道。要查找磁力仪传感器，需要设置通道类型为 KsensrvChannelTypeIdMagnetometerXYZAxisData；要查找指南针数据，需要设置为 KSensrvChannelTypeIdMagnetic-NorthData。一旦需要的通道被发现，就可以使用 OpenChannelL()方法来打开它：

```
1   void CAOWrapperPrivate::FindAndOpenChannel()
2   {
3       // First: construct a channel finder
4       CSensrvChannelFinder* channelFinder;
5       channelFinder = CSensrvChannelFinder::NewL();
6       CleanupStack::PushL(channelFinder);
7
8       // Second: list of found channels
9       RSensrvChannelInfoList channelInfoList;
10
11      // Third: create and fill channel search criteria
12      TSensrvChannelInfo channelInfo;
13
14      // Fourth: find the channel
15      // here we look for the magnetometer channel
16      channelInfo.iChannelType =
            KSensrvChannelTypeIdMagnetometerXYZAxisData;
17      channelFinder->FindChannelsL(channelInfoList, channelInfo);
18
19      // Fifty: open the sensor channel
20      // When the channel object is created the channel info object
21      // must be an object returned by CSensrvChannelFinder::FindChannelsL().
22      iMagnetometerSensor = CSensrvChannel::NewL(channelInfoList[0]);
23      CleanupStack::PushL(iMagnetometerSensor);
24      iMagnetometerSensor->OpenChannelL();
25
26      setAutoCalibration(true);
27
28      // Repeat steps 4 and 5 for the compass channel
```

```
29    channelInfo.iChannelType = KSensrvChannelTypeIdMagneticNorthData;
30    channelFinder->FindChannelsL(channelInfoList, channelInfo);
31    iMagneticNorthSensor = CSensrvChannel::NewL(channelInfoList[0]);
32    CleanupStack::PushL(iMagneticNorthSensor);
33    iMagneticNorthSensor->OpenChannelL();
34
35    CleanupStack::PopAndDestroy(channelFinder); // finder not needed any
        more
36 }
```

传感器 API 允许自动校准指南针，但是需要开发者来开启这个功能，而且通道应该已经打开。校准能让我们从传感器获取更为精准的数据。使用 setAutoCalibration()可以开关自动校准。

```
1  void CAOWrapperPrivate::setAutoCalibration(bool val)
2  {
3     TSensrvProperty property;
4     iMagnetometerSensor->GetPropertyL(
          KSensrvPropAutoCalibrationActive,
5                                   KSensrvItemIndexNone, property);
6
7     // set auto-calibration on/off. 1 to enable, 0 to disable autocalibration
8        property.SetValue(val);
9
10       iMagnetometerSensor->SetProperty(property);
11 }
```

最后可以使用 getCalibrationLevel()这个方法轻易地获取校准级别。

```
1  void CAOWrapperPrivate::getCalibrationLevel()
2  {
3     TSensrvProperty property;
4     iMagnetometerSensor->GetPropertyL(KSensrvPropCalibrationLevel,
          KSensrvItemIndexNone, property);
5     property.GetValue(iMagnetometerCalibrationLevel);
6  }
```

从前面的解释可以知道，要把 Symbian 平台或者其他任何平台相关的类和 Qt 类分离开来是可能的。这样就把平台相关的问题从平台的私有类隔离出来，使得代码适用于多个平台，从而可以减少移植代码到新的平台花费的精力。

6.8.4 其他问题

错误码

开发者需要处理的另一个问题就是构建 Qt/Symbian 应用程序时，不能将 Qt 的错误码直接映射到 Symbian 错误码上。主要是因为 Qt 只提供类相关的错误码，而不是系统全局的错误码。

当应用程序中发生错误时，可以使用私有实现来捕获异常离开的函数，然后把错误传给一个处理错误的纯 Qt 的方法。可以像下面这样实现：

```
1  int CAOWrapperPrivate::private_method (<list of args>)
2  {
3    ...
4    TRAPD (error, private_methodL (<list of args>););
5    return error;
6  }
```

如果在执行 private_methodL()过程中出错，那么错误就会被捕获，然后在其他地方被处理，比如显示一个错误消息或者开发者认为合适的其他处理方法。

内存分配

给移动设备开发应用程序时，需要关注一些开发桌面应用时不需要注意的问题。例如，对于桌面计算机来说内存如此便宜，以至于大多数应用都不关心内存使用，对于大多数 Qt 程序也是这样。如果在没有足够的内存时，程序尝试申请内存，它就被关闭了。然而，为移动设备开发程序就不是这种情况了，内存对于它们来说还是非常有限。

出于这个原因，Symbian 应用程序应该使用清除栈在发生异常时释放堆上的对象。这同样也适用于构建 Qt/Symbian 应用程序。Qt 中的对象在创建时被加入到对象树上，这使得有父对象（Parent）的对象可以被自动删除。当对象被创建时，它作为父对象（Parent）的子对象被加入到对象树上。当对象被删除时，它就从对象树上删除。如果删除一个父对象（Parent），它的子对象也被自动删除，它们同时也从对象树上删除。这个行为同时适用于栈上和堆上的对象。对象唯一不被自动删除的情况是，它通过 new 创建而且没有父对象（Parent）。在这种情况下就要显式地删除这个对象。

6.9　小结

这一章我们展示了 Symbian 系统的一些基本概念，以及如何使用私有实现模式（Pimpl Pattern）从 Qt 访问 Symbian API。本章的示例程序表示从磁力仪读取数据并更新设备屏幕上显示的数据。

参考文献

Aubert M 2008 *Quick Recipes on Symbian 操作系统:Mastering C++ Smartphone Development*.John Wiley&Sons,Ltd.

第 7 章　Qt for Symbian 范例

　　本章提供了一些使用 Qt Mobility API 和 Qt Mobile Extensions 的 Qt 代码范例，并简单介绍了它们的功能。这些范例用于介绍与展示 Qt 的特性和编程技巧。开发者将通过近距离阅读 Qt 类库和 Qt Mobile Extensions for Symbian 的相关代码，来获取使用 Qt for Symbian SDK 移动软件开发设计思路。所有的范例都能直接从本书相关的网页下载。

7.1　Mobility API 范例

　　下面我们将提供一些使用 QtMobililty API 的例子。上面已经提到，读者可以从本书的主页获取最新的更新和扩展。

7.1.1　显示消息账号

　　用 Messaging API 可以列出和操作信息账号。如果要使用指定的账户发送信息，我们先要得到该账户的 ID。下面的 Widget 显示了一个列出设备上可用信息账户的组合框，并且在所选账户改变时发出信号。消息服务的一大优点是所有不同的消息都能被相同的 API 处理，所以，选择一个 SMS 账户并发送短消息，实际上所做的操作与选择一个电子邮件账户并发送电子邮件是一样的。

　　类定义如下所示。它有一个内部类 Loader，该类封装了一个查询消息账户列表的线程。完全可以写一个方法来完成 Loader 的操作而不使用线程，但使用另外一个线程可以提高性能，并能避免出现无响应的 UI。账号列表存储在成员变量 QMessageAccountIdList m_ids 中。

```
1  class AccountsWidget : public QWidget
```

```
2  {
3  Q_OBJECT
4
5  private:
6      class Loader : public QThread
7      {
8      public:
9          Loader(AccountsWidget* parent);
10         void run();
11
12     private:
13         AccountsWidget* m_parent;
14     };
15
16 public:
17     AccountsWidget(QWidget* parent = 0);
18     QMessageAccountId currentAccount() const;
19     QString currentAccountName() const;
20     bool isEmpty() const { return m_accountsCombo->count() == 0; }
21
22 signals:
23     void accountChanged();
24
25 protected:
26     void showEvent(QShowEvent* e);
27     void hideEvent(QHideEvent* e);
28
29 private slots:
30     void load();
31     void loadStarted();
32     void loadFinished();
33
34 private:
35     void setupUi();
36     void setIds(const QMessageAccountIdList& ids);
```

```
37      QMessageAccountIdList ids() const;
38
39  private:
40      QStackedLayout* m_stackedLayout;
41      QComboBox* m_accountsCombo;
42      QLabel* m_busyLabel;
43
44      Loader m_loader;
45      mutable QMutex m_loadMutex;
46      QMessageAccountIdList m_ids;
47  };
```

Loader 类重载了 QThread 的 run()方法，通过 QMessageStore 单例查询可用账号。接着账户列表发送给 AccoutWidget。为了防止在多线程执行中发生任何不希望出现的行为，在账户 ID 的 setter 和 getter 中使用了互斥锁。

```
1  AccountsWidget::Loader::Loader(AccountsWidget* parent)
2  : QThread(parent), m_parent(parent)
3  {
4  }
5
6  void AccountsWidget::Loader::run()
7  {
8      QMessageAccountIdList ids = QMessageStore::instance()->
                queryAccounts();
9      m_parent->setIds(ids);
10 }
11
12 void AccountsWidget::setIds(const QMessageAccountIdList& ids)
13 {
14     QMutexLocker mutex(&m_loadMutex);
15     m_ids = ids;
16 }
17
18 QMessageAccountIdList AccountsWidget::ids() const
```

```
19 {
20     QMutexLocker mutex(&m_loadMutex);
21     return m_ids;
22 }
```

　　AccountsWidget 类在初始化过程中包括调用构造函数和 setupUi()方法。当账号正被加载时，UI 使用 QStackedLayout 和 QLabel 来隐藏组合框，并显示"busy text"。loader 线程的 started()和 finished()信号绑定到槽 loadStarted()和 loadFinished()。

```
1 AccountsWidget::AccountsWidget(QWidget* parent)
2 :
3 QWidget(parent),
4 m_stackedLayout(0),
5 m_accountsCombo(0),
6 m_busyLabel(0),
7 m_loader(this)
8 {
9     setupUi();
10
11     connect(&m_loader, SIGNAL(started()), this, SLOT(loadStarted()));
12     connect(&m_loader, SIGNAL(finished()), this, SLOT(loadFinished()));
13 }
14
15 void AccountsWidget::setupUi()
16 {
17     m_stackedLayout = new QStackedLayout(this);
18
19     m_accountsCombo = new QComboBox(this);
20     m_stackedLayout->addWidget(m_accountsCombo);
21     connect(m_accountsCombo, SIGNAL(currentIndexChanged(int)), this,
            SIGNAL(accountChanged()));
22
23     m_busyLabel = new QLabel("Loading...");
24     m_stackedLayout->addWidget(m_busyLabel);
```

```
25 }
```

当账户开始加载时，QStackedLayout 切换到显示忙碌的标签遮盖并隐藏组合框，与此同时进行加载操作。

当加载操作完成，账户列表经过循环处理后，每一个账户都被加入到组合框。

```
 1  void AccountsWidget::loadStarted()
 2  {
 3  #ifndef _WIN32_WCE
 4      setCursor(Qt::BusyCursor);
 5  #endif
 6      m_stackedLayout->setCurrentWidget(m_busyLabel);
 7  }
 8
 9  void AccountsWidget::loadFinished()
10  {
11      m_accountsCombo->clear();
12
13      QMessageAccountIdList accountIds = ids();
14
15      if(!accountIds.isEmpty())
16      {
17          for(int i = 0; i < accountIds.count(); ++i)
18          {
19              QMessageAccount account(accountIds[i]);
20              m_accountsCombo->addItem(QString("%1 - %2").arg(i
                    +1).arg(account.name()),account.name());
21          }
22
23          m_stackedLayout->setCurrentWidget(m_accountsCombo);
24      }
25      else
26          m_busyLabel->setText("No accounts!");
27
```

```
28  #ifndef _WIN32_WCE
29      setCursor(Qt::ArrowCursor);
30  #endif
31  }
```

　　账号的加载操作通过调用 load()方法启动，它用一个静态变量来确保只做一次查询账号操作。

```
1  void AccountsWidget::load()
2  {
3      static bool runonce = false;
4      if(!runonce)
5              m_loader.start();
6      runonce = true;
7  }
```

　　这个类同时也提供了获取所选账户 ID 和名字的方法。

```
1  QMessageAccountId AccountsWidget::currentAccount() const
2  {
3      QMessageAccountId result;
4      if(m_loader.isFinished() && m_accountsCombo->count())
5      {
6          int index = m_accountsCombo->currentIndex();
7          return ids().at(index);
8      }
9
10     return result;
11 }
12
13 QString AccountsWidget::currentAccountName() const
14 {
15     if(m_loader.isFinished() && m_accountsCombo->count())
16         return m_accountsCombo->itemData(m_accountsCombo->
                   currentIndex()).toString();
17     return QString();
```

```
18  }
```

通过重载显示事件（Show Event）的处理器，Widget 能在开始显示时自动
加载账户列表。当 Widget 隐藏后，loader 若正在运行，也将被禁止。

```
1  void AccountsWidget::showEvent(QShowEvent* e)

2  {

3      load();

4      QWidget::showEvent(e);

5  }

6

7  void AccountsWidget::hideEvent(QHideEvent* e)

8  {

9     if(m_loader.isRunning())

10            m_loader.exit();

11     QWidget::hideEvent(e);

12  }
```

7.1.2 显示最近的消息

下面的例子演示如何创建一个显示最近消息的 Widget，具体包括如何从系
统中查询消息，当消息被删除或更新时如何获取通知，以及使用
QMessageServiceAction 来实现消息相关的常见操作等。列表部件将显示消息的
标题以及是否只收到部分的消息。

RecentMessagesWiget 的定义如下所示。消息导入过程的状态保存在枚举变
量 State 的实例 m_state 里。要显示的列表项和消息 ID 通过 QMap<QMessageID,
QListWidhetItems*> m_indexMap 绑定在一起，消息数据存储在 QListWidgetItem
中，并将其"角色"设置为 MessageIdRole（在消息 API 中"角色"相当于字段
的类型，这里是指"此字段表示一个消息的 Message ID"，详见 enum
QMailMessageModelBase::Roles——译者注）。这样能够在有列表项或者消息 ID
时，查到相对应的消息 ID 或列表项。当在列表中选择一个消息时，这个类会发
射 selected(const QMessageId& messageID)信号。

```
 1 class RecentMessagesWidget : public QWidget
 2 {
 3     Q_OBJECT
 4
 5 public:
 6     RecentMessagesWidget(QWidget* parent = 0, unsigned int maxRecent
           = 10);
 7     ~RecentMessagesWidget();
 8     QMessageId currentMessage() const;
 9
10 signals:
11     void selected(const QMessageId& messageId);
12
13 protected:
14     void showEvent(QShowEvent* e);
15     void hideEvent(QHideEvent* e);
16
17 private slots:
18     void currentItemChanged(QListWidgetItem* current, QListWidgetItem
           * previous);
19     void messagesFound(const QMessageIdList& result);
20     void stateChanged(QMessageServiceAction::State s);
21     void messageUpdated(const QMessageId& id, const QMessageStore::
           NotificationFilterIdSet& filter);
22     void messageRemoved(const QMessageId& id, const QMessageStore::
           NotificationFilterIdSet& filter);
23     void processResults();
24
25 private:
26     void setupUi();
27     void updateState();
28     void load();
29
30 private:
31     enum State { Unloaded, Loading, LoadFinished, Processing,
```

```
                LoadFailed, Done };
32     static const int MessageIdRole = Qt::UserRole + 1;

33

34 private:

35     QListWidget* m_messageListWidget;

36     QLabel* m_statusLabel;

37     QStackedLayout* m_layout;

38      QMessageIdList m_ids;

39      QMap<QMessageId, QListWidgetItem*> m_indexMap;

40     unsigned int m_maxRecent;

41     QMessageServiceAction* m_service;

42      State m_state;

43     QMessageStore::NotificationFilterId m_storeFilterId;

44 };
```

在完成 UI 设置后，构造函数将消息对象的信号与槽相连接。我们将用一个消息服务得到消息的列表，这个消息服务可以使用消息服务类 QmessageServiceAction 访问，即示例中的成员变量 m_service。查询时，每查询到一条消息，就会发射 messagesFound 信号，当查询操作状态改变时，则会发射 stateChanged 信号。单例 QMessageStore 的两个信号也被连接到相应的槽，这样即使在消息被加到 UI 之后，如果消息被删除或者更新，程序也能够及时得到通知。

构造函数的最后一行创建并注册了一个消息查询过滤器。可以使用这个过滤器从消息数据库中查询所需要的信息，但本例不使用过滤器参数，所以，它会查询所有的消息。在析构函数中，过滤器需要被注销（Unregistered）。

```
1 RecentMessagesWidget::RecentMessagesWidget(QWidget* parent, unsigned int
      maxRecent)
2 : QWidget(parent), m_messageListWidget(0), m_statusLabel(0), m_layout(0)
      , m_maxRecent(maxRecent), m_service(new QMessageServiceAction(this)),
      m_state(Unloaded)
3 {
4     setupUi();
5     connect(m_service, SIGNAL(messagesFound(const QMessageIdList&)),
```

```
                              this, SLOT (messagesFound(const QMessageIdList&)));
6       connect (m_service, SIGNAL (stateChanged(QMessageServiceAction::
                  State)), this, SLOT (stateChanged(QMessageServiceAction::State)));
7
8       //register for message update notifications
9
10      connect (QMessageStore::instance(), SIGNAL (messageUpdated(const
                  QMessageId&, const QMessageStore::NotificationFilterIdSet&)),
11                    this,  SLOT (messageUpdated(const QMessageId&, const
                             QMessageStore::NotificationFilterIdSet&)));
12      connect (QMessageStore::instance(), SIGNAL (messageRemoved(const
                  QMessageId&, const QMessageStore::NotificationFilterIdSet&)),
13                    this,  SLOT (messageRemoved(const QMessageId&, const
                             QMessageStore::NotificationFilterIdSet&)));
14
15      m_storeFilterId = QMessageStore::instance()->
                  registerNotificationFilter(QMessageFilter());
16  }
17
18  void RecentMessagesWidget::setupUi()
19  {
20      m_layout = new QStackedLayout (this);
21
22      m_messageListWidget = new QListWidget (this);
23      m_layout->addWidget(m_messageListWidget);
24      connect (m_messageListWidget, SIGNAL (currentItemChanged(
                  QListWidgetItem*, QListWidgetItem*)),
25                    this, SLOT (currentItemChanged(QListWidgetItem*, QListWidgetItem*)));
26
27      m_statusLabel = new QLabel (this);
28      m_statusLabel->setAlignment(Qt::AlignHCenter | Qt::AlignVCenter);
29      m_statusLabel->setFrameStyle(QFrame::Box);
30      m_layout->addWidget(m_statusLabel);
31  }
32
```

```
33 RecentMessagesWidget::~RecentMessagesWidget()
34 {
35     QMessageStore::instance()->unregisterNotificationFilter(m_storeFilterId);
36 }
```

消息的查询通过 load()方法启动，它会请求消息服务进行操作。传递参数 QMessageOrdering::byReceptionTimeStamp(Qt::DescendingOrder)确保返回结果依照消息的时间戳排序。

当查到消息时， messagesFound() 槽在数组中存储该消息的 ID。 stateChanged()槽可帮助我们检查消息查询操作是否失败，或者已经完成并且所有消息都处理完毕。这些事件由 updateState()方法根据操作结果执行不同的处理。

```
1 void RecentMessagesWidget::load()
2 {
3     m_ids.clear();
4
5     if(!m_service->queryMessages(QMessageFilter(),QMessageOrdering::
       byReceptionTimeStamp(Qt::DescendingOrder),m_maxRecent))
6         m_state = LoadFailed;
7     else
8         m_state = Loading;
9 }
10
11 void RecentMessagesWidget::messagesFound(const QMessageIdList& ids)
12 {
13     m_ids.append(ids);
14 }
15
16 void RecentMessagesWidget::stateChanged(QMessageServiceAction::State s)
17 {
18     if(s == QMessageServiceAction::Failed)
19         m_state = LoadFailed;
20     else if(s == QMessageServiceAction::Successful && m_state != LoadFailed)
```

```
21                     m_state = LoadFinished;
22
23        updateState();
24 }
```

　　updateState()方法根据消息查询操作的状态更新子 Widget。当消息加载完成后，该方法调用 processResults()开始处理消息，并在列表 Widget 中显示。列表仅显示消息主题，并使用不同的字体表示此消息是部分加载还是已经完全加载。

　　注意，为了根据选中的消息标题获取相应的消息内容，我们使用 newItem->setData(MessageIdRole,id.toString())在列表项的数据模型中存储消息 ID。

```
1  void RecentMessagesWidget::updateState()
2  {
3      switch(m_state)
4      {
5          case Unloaded:
6          {
7                  m_statusLabel->setText(QString());
8              m_layout->setCurrentWidget(m_statusLabel);
9          }
10          break;
11          case Loading:
12          {
13              m_statusLabel->setText("Loading...");
14                  m_layout->setCurrentWidget(m_statusLabel);
15          }
16          break;
17          case LoadFinished:
18          {
19              if(m_ids.isEmpty())
20              {
21                      m_statusLabel->setText("Finished. No
                            messages.");
22                  m_layout->setCurrentWidget(m_statusLabel);
```

```
23                }
24            else
25            {
26                m_state = Processing;
27                updateState();
28                processResults();
29            }
30        }
31      break;
32      case Processing:
33          m_layout->setCurrentWidget(m_messageListWidget);
34      break;
35      case LoadFailed:
36      {
37          m_statusLabel->setText("Load failed!");
38          m_layout->setCurrentWidget(m_statusLabel);
39      }
40      break;
41    }
42
43  #ifndef _WIN32_WCE
44      if(m_state == Loading || m_state == Processing)
45          setCursor(Qt::BusyCursor);
46      else
47          setCursor(Qt::ArrowCursor);
48  #endif
49  }
50
51  void RecentMessagesWidget::processResults()
52  {
53      if(!m_ids.isEmpty())
54      {
55          QMessageId id = m_ids.takeFirst();
56          QMessage message(id);
57
```

```
58      QListWidgetItem* newItem = new QListWidgetItem(message.subject());
59              newItem->setData(MessageIdRole,id.toString());
60      QFont itemFont = newItem->font();
61      bool isPartialMessage = !message.find(message.bodyId()).
                isContentAvailable();
62       itemFont.setItalic(isPartialMessage);
63       newItem->setFont(itemFont);
64      m_messageListWidget->addItem(newItem);
65       m_indexMap.insert(id,newItem);
66      m_messageListWidget->update();
67      QTimer::singleShot(100,this,SLOT(processResults()));
68      }
69      else
70      {
71          m_state = Done;
72          updateState();
73      }
74 }
```

在完成消息查询并在列表 Widget 中显示后，有的消息可能被更新或删除。因此，我们在之前的构造函数中将相关的信号与槽 messageUpdateds() 和 messageRemoved()相连接。当消息被更新或删除时，消息列表中的内容也会相应地更新或删除。

```
1 void RecentMessagesWidget::messageUpdated(const QMessageId& id, const
    QMessageStore::NotificationFilterIdSet& filter)
2 {
3   if(!filter.contains(m_storeFilterId) || m_state == Loading || !id
        .isValid() || !m_indexMap.contains(id))
4           return;
5
6   //update the pertinent entry to reflect completeness
7
8   QListWidgetItem* item = m_indexMap.value(id);
9   if(item)
```

```
10    {
11        QMessage message(id);
12        bool partialMessage = !message.find(message.bodyId()).isContentAvailable();
13        QFont itemFont = item->font();
14        itemFont.setItalic(partialMessage);
15        item->setFont(itemFont);
16    }
17 }
18
19 void RecentMessagesWidget::messageRemoved(const QMessageId& id, const
       QMessageStore::NotificationFilterIdSet& filter)
20 {
21    if(!filter.contains(m_storeFilterId) || m_state == Loading || !id
           .isValid() || !m_indexMap.contains(id))
22                return;
23
24    QListWidgetItem* item = m_indexMap.value(id);
25    if(item)
26    {
27        int row = m_messageListWidget->row(item);
28        QListWidgetItem* item = m_messageListWidget->takeItem(row);
29        m_indexMap.remove(id);
30        delete item;
31    }
32    m_ids.removeAll(id);
33 }
```

显示消息列表后为了进行进一步的操作，还要在消息标题被选中时发射信号。例如，可以将另一个 Widget 连接到该信号，然后显示所选消息的正文。

此外，被选中消息的 ID 可由 currentMessage()获得。

```
1 void RecentMessagesWidget::currentItemChanged(QListWidgetItem*,
     QListWidgetItem*)
2 {
3    if(m_state != Processing || m_state != Loading)
```

```
4            emit selected(currentMessage());
5  }
6
7  QMessageId RecentMessagesWidget::currentMessage() const
8  {
9      QMessageId result;
10
11     if(QListWidgetItem* currentItem = m_messageListWidget->currentItem())
12             result = QMessageId(currentItem->data(MessageIdRole).toString());
13
14     return result;
15  }
```

Widget 的加载和隐藏事件处理函数分别负责启动消息加载与停止消息加载。当 Widget 显示时，开始加载消息。当 Widget 隐藏时，停止消息加载。

```
1  void RecentMessagesWidget::showEvent(QShowEvent* e)
2  {
3      if(m_state == Unloaded)
4             load();
5
6      updateState();
7
8      QWidget::showEvent(e);
9  }
10
11  void RecentMessagesWidget::hideEvent(QHideEvent* e)
12  {
13     if(m_state == Loading || m_state == Processing)
14     {
15         m_service->cancelOperation();
16         m_state = Unloaded;
17         m_ids.clear();
18     }
19
20     QWidget::hideEvent(e);
```

```
21 }
```

7.1.3　服务框架

本节将通过开发一个简单的 helloword 服务示例，演示服务框架的功能。本例也演示了如何在 Symbian 设备上使用服务框架注册和发现我们的新服务。为了演示能够在设备上发现我们的新服务，可使用在 Mobility API 示例中的 ServiceBrowser 程序浏览我们的新服务。下面的例子仅涵盖服务框架中的一小部分功能。不过，它涵盖了用于开发新服务插件所需的基本功能。关于服务框架的详细信息，可参照 Qt Mobility 文档。

创建服务插件

第一步是创建服务插件代码，首先需要使用 QServicePluginInterface 类定义插件接口。服务框架将使用这个插件接口与服务交互。下面列出在 helloworldplugin.h 中的接口声明。

```cpp
1
2 #include <QObject>
3 #include <QServicePluginInterface.h>
4
5 using namespace QtMobility;
6
7 class HelloWorldPlugin : public QObject,
8                          public QServicePluginInterface
9 {
10    Q_OBJECT
11    Q_INTERFACES(QtMobility::QServicePluginInterface)
12 public:
13    QObject* createInstance(const QServiceInterfaceDescriptor& descriptor,
14                      QServiceContext* context,
15                      QAbstractSecuritySession* session);
16 };
```

如上面的代码所示，我们必须实现 QServicePluginInterface 接口中的纯虚函数 createInstance()，服务框架调用这个函数来初始化服务插件。createInstance()函数的参数能让我们的程序支持在一个插件中实现多个服务，或是检测客户是否有足够的权限加载插件等功能。不过，在本例中，这些参数将被忽略，仅返回一个新建的 helloworld 插件的实例，具体代码在下面列出（定义在 helloworldplugin.cpp 中）：

```
1 #include <QServiceInterfaceDescriptor.h>
2 #include <QAbstractSecuritySession.h>
3 #include <QServiceContext.h>
4
5 #include "helloworldplugin.h"
6 #include "helloworld.h"
7
8 QObject* HelloWorldPlugin::createInstance(constQServiceInterfaceDescriptor&
      /*descriptor*/,
9       QServiceContext* /*context*/,
10      QAbstractSecuritySession* /*session*/)
11 {
12   return new HelloWorld(this);
13 }
14
15 Q_EXPORT_PLUGIN2(serviceframework_helloworldplugin, HelloWorldPlugin)
```

Q_EXPORT_PLUGIN2(targetname, pluginname)宏把 targetname 类导出作为名为 pluginname 的插件。后面我们将看到，pluginname 的值必须与服务插件工程文件中的 TARGET 相符。

以上就是插件处理所需的全部代码。下一步将在 HelloWorld 类中定义插件实际的行为。下面列出类的声明和具体的实现：

```
1 #include <QObject>
2
3 class HelloWorld : public QObject
4 {
```

```
5      Q_OBJECT
6  public :
7      HelloWorld(QObject *parent = 0);
8
9  public slots :
10     void sayHello();
11 };
```

```
1  #include <QtCore>
2
3  #include "helloworld.h"
4
5  HelloWorld::HelloWorld(QObject *parent)
6         : QObject(parent)
7  {
8  }
9
10 void HelloWorld::sayHello()
11 {
12     qDebug() << "Hello World :)";
13 }
```

　　如代码所示，实际的插件代码非常简单，为了使其工作，仅需添加一些新的代码。插件类必须由 QObject 继承而来，并使用 Qt 信号和槽机制实现服务框架调用的函数。这些代码使服务框架能够使用 Qt 元系统检测插件中具体有哪些函数可以调用，本例中是 sayHello()函数。

　　现在定义项目文件，Qt 将根据项目设置编译插件。.pro 文件的内容如下所示：

```
1 TEMPLATE = lib
2 CONFIG += plugin
3
4 INCLUDEPATH += C:\Qt\qt-mobility-src-1.0.0-tp\src\serviceframework
5
```

```
 6 HEADERS += helloworldplugin.h
 7 SOURCES += helloworldplugin.cpp
 8
 9 HEADERS += helloworld.h
10 SOURCES += helloworld.cpp
11
12 TARGET = serviceframework_helloworldplugin
13
14 CONFIG += mobility
15 MOBILITY = serviceframework
16
17 LIBS += -lQtServiceFramework_tp
18
19 symbian {
20
21     load(data_caging_paths)
22     pluginDep.sources = serviceframework_helloworldplugin.dll
23     pluginDep.path = $$QT_PLUGINS_BASE_DIR
24     DEPLOYMENT += pluginDep
25
26     TARGET.EPOCALLOWDLLDATA = 1
27 }
```

注意，链接的库文件是 QtServiceFramework_tp，它有一个附加的扩展名 _tp，因为我们使用的是 Qt 技术预览版的服务框架。当你阅读本书时，应该可以使用 Qt for Symbian IDE 正式版构建插件程序。当然，首先你得确定已经编译过 Qt Mobility API 源码包所提供的服务框架库。在 Symbian 平台中，服务框架以服务器的形式运行，因此，在设备上使用本示例程序，你首先需要编译并安装服务框架服务器。安装好这个服务器和我们的服务插件后，还需要使用服务框架发现新插件，因此，要向设备的服务管理器添加 XML 格式的服务描述文件。helloworld 插件的 XML 文件可以在例程源码的 service_installer_helloworld 文件夹中找到。这个文件夹也包含一个在 Symbian 设备上注册 helloworld 服务插件所需的小型应用程序。在 Symbian 平台上的注册过程与其他平台有区别，相关文

档参见 http://doc.trolltech.com/qtmobility-1.0-tp/service-framework-on-symbian.html。

7.2 Qt for Symbian 和 Mobile Extension 范例

现在看一下 Mobile Extension 的例子。这些例子涵盖了 Qt、网络、XML 和与 Symbian 平台相关的基础知识，具体包括传感器、音频、信息、照相机和本地化等。虽然 Mobility API 已经提供了大部分功能，但开发者可能想使用扩展模块开发更为灵活的应用。所有这些小程序都用 Carbide.c++ 2.0.2 IDE 和 Qt for Symbian release 4.6.0 开发并测试过。

7.2.1 基础 Widget 示例

第一个例子演示了如何在一个简单的 GUI 中排布标准 Qt Widget，并实现一些基本的输入功能。这里假设当前的任务是创建一个名为 MyMovieForm 的简易表单，能让用户输入最近观看过的电影信息。这个应用会有实际用途，例如，在手机移动平台上开发一个电影评级网站客户端程序的时候，表单将提供一些简单的输入框：一个用于输入电影标题的编辑框；一组用于选定电影的语言单选按钮；一个用于推荐电影的复选框。更进一步，用户可能需要查看已添加的电影列表，或添加新电影并给出详细信息，或删除已添加的列表项，这些都需要添加相应的按钮。使用 Carbide.c++中的 Qt Designer 编辑器就可以创建上述的输入表单。在本例中，仅需要从部件工具箱中拖曳部件项至合适的位置，然后在布局中排版即可。在前面的章节已经提到，也可以使用程序代码手动生成表单，初始化部件及布局，并按照需求连接各 Widget 即可。不过在本章的所有示例中，将使用第一种方式创建 UI。这种方式创建 UI 的主要优势在于 UI 与代码是分开的，我们只需要专注于代码即可。

在添加完成所有需要的 Widget 后，在表单上单击鼠标右键，选择 Layout/Layout in a grid 选项。使用这个命令可以简化表单上控件的布局（见图 7.1）。接下来是设置 Widget 的自定义属性，例如，显示的文本、窗口标题或 Widget 实例的 C++ 名称。这些工作可以使用 Qt C++ 属性编辑器来完成。

在完成所有必要的修改后，可以使用 Project 菜单中 Build Project 命令，调用 Qt 工具生成与所设计 UI 完全一致的 C++代码文件。下面列出了 UI 生成类（命名规则为 Ui_<组件类名>Class.cpp）的源代码。

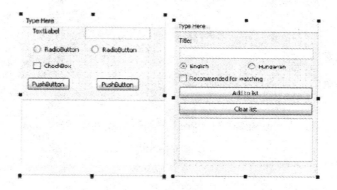

图 7.1 Qt Designer 自动布局功能

```
1
2 QT_BEGIN_NAMESPACE
3
4 class Ui_MyMoviesFormClass
5 {
6 public:
7     QWidget *centralwidget;
8     QGridLayout *gridLayout;
9     QLabel *lblTitle;
10     QLineEdit *editTitle;
11     QRadioButton *radioEng;
12     QRadioButton *radioHun;
13     QCheckBox *chkRecommend;
14     QPushButton *btnAdd;
15     QPushButton *btnClear;
16     QListWidget *listMovies;
17     QMenuBar *menubar;
18     QStatusBar *statusbar;
19
20     void setupUi(QMainWindow *MyMoviesFormClass)
```

```
21      {
22          if (MyMoviesFormClass->objectName().isEmpty())
23          MyMoviesFormClass->setObjectName(
24          QString::fromUtf8("MyMoviesFormClass"));
25
26          centralwidget = new QWidget(MyMoviesFormClass);
27          centralwidget->setObjectName(
28          QString::fromUtf8("centralwidget"));
29
30          gridLayout = new QGridLayout(centralwidget);
31          gridLayout->setObjectName(QString::fromUtf8("gridLayout"));
32
33          lblTitle = new QLabel(centralwidget);
34          lblTitle->setObjectName(QString::fromUtf8("lblTitle"));
35          gridLayout->addWidget(lblTitle, 0, 0, 1, 2);
36
37          editTitle = new QLineEdit(centralwidget);
38          editTitle->setObjectName(QString::fromUtf8("editTitle"));
39          gridLayout->addWidget(editTitle, 1, 0, 1, 2);
40
41          radioEng = new QRadioButton(centralwidget);
42          radioEng->setObjectName(QString::fromUtf8("radioEng"));
43          radioEng->setChecked(true);
44          gridLayout->addWidget(radioEng, 2, 0, 1, 1);
45
46          radioHun = new QRadioButton(centralwidget);
47          radioHun->setObjectName(QString::fromUtf8("radioHun"));
48          gridLayout->addWidget(radioHun, 2, 1, 1, 1);
49
50          chkRecommend = new QCheckBox(centralwidget);
51          chkRecommend->setObjectName(QString::fromUtf8("chkRecommend"));
52          gridLayout->addWidget(chkRecommend, 3, 0, 1, 2);
53
54          btnAdd = new QPushButton(centralwidget);
55          btnAdd->setObjectName(QString::fromUtf8("btnAdd"));
```

```
56      gridLayout->addWidget(btnAdd, 4, 0, 1, 2);

57

58       btnClear = new QPushButton(centralwidget);

59      btnClear->setObjectName(QString::fromUtf8("btnClear"));

60      gridLayout->addWidget(btnClear, 5, 0, 1, 2);

61

62      listMovies = new QListWidget(centralwidget);

63      listMovies->setObjectName(QString::fromUtf8("listMovies"));

64      gridLayout->addWidget(listMovies, 6, 0, 1, 2);

65

66      MyMoviesFormClass->setCentralWidget(centralwidget);

67       menubar = new QMenuBar(MyMoviesFormClass);

68       menubar->setObjectName(QString::fromUtf8("menubar"));

69       menubar->setGeometry(QRect(0, 0, 262, 21));

70      MyMoviesFormClass->setMenuBar(menubar);

71       statusbar = new QStatusBar(MyMoviesFormClass);

72      statusbar->setObjectName(QString::fromUtf8("statusbar"));

73      MyMoviesFormClass->setStatusBar(statusbar);

74

75      retranslateUi(MyMoviesFormClass);

76

77       QMetaObject::connectSlotsByName(MyMoviesFormClass);

78  } // setupUi

79

80   void retranslateUi(QMainWindow *MyMoviesFormClass)

81    {

82       MyMoviesFormClass->setWindowTitle(

83      QApplication::translate(

84       "MyMoviesFormClass", "My Movies", 0,

85       QApplication::UnicodeUTF8));

86

87      lblTitle->setText( QApplication::translate("MyMoviesFormClass", "
                Title:", 0, QApplication::UnicodeUTF8));

88       radioEng->setText(QApplication::translate("MyMoviesFormClass", "
                English", 0, QApplication::UnicodeUTF8));
```

```
89        radioHun->setText(QApplication::translate("MyMoviesFormClass", "
                        Hungarian", 0, QApplication::UnicodeUTF8));
90        chkRecommend->setText(
91         QApplication::translate("MyMoviesFormClass",
92        "Recommended for watching", 0, QApplication::UnicodeUTF8));
93        btnAdd->setText(QApplication::translate("MyMoviesFormClass", "Add
                        to list", 0, QApplication::UnicodeUTF8));
94        btnClear->setText(QApplication::translate("MyMoviesFormClass", "
                        Clear list", 0, QApplication::UnicodeUTF8));
95        Q_UNUSED(MyMoviesFormClass);
96    } // retranslateUi
97
98 };
99
100 namespace Ui {
101     class MyMoviesFormClass: public Ui_MyMoviesFormClass {};
102 } // namespace Ui
103
104 QT_END_NAMESPACE
```

你可能已经注意到，UI 类由两个函数构成，一个名为 setupUi（由 MyMoviesFormWidget 的构造函数调用，用于设置所包含的 Widget 界面布局），另一个名为 retranslateUi（由 UI 类自身调用）。

注意，在本章其余的示例中，将不再列出生成的 UI 头文件源代码。当然，示例中我们假设已经存在该头文件。

在学习过 UI 源代码后，可以看一下 MyMoviesForm 部件的声明部分。

```
MyMoviesForm.h
1 #include <QtGui/QMainWindow>
2
3 //including the generated layout header
4 #include "ui_MyMoviesForm.h"
5
6 class MyMoviesForm : public QMainWindow
7 {
```

```
8      Q_OBJECT

9

10 public:

11     MyMoviesForm(QWidget *parent = 0);

12     ~MyMoviesForm();

13

14 private:

15     Ui::MyMoviesFormClass ui;

16

17 private slots:

18     void on_btnAdd_clicked();

19

20 };
```

类 MyMoviesForm 从 QMainWindow 派生，它负责构造应用程序的 UI 框架。声明中包含了标准的构造/析构函数，以及之前提及的 UI 类，还有一个私有槽 on_btnAdd_clicked()用于响应 Add 按钮的单击事件。之所以将槽使用这个格式命名，是因为 Qt 能够检测到格式为 on_<部件名>_<部件信号名>() 的槽，并自动将槽与相关的信号连接起来。因此，我们就不必在代码中调用 connect()方法。

最后是 MyMoviesForm 的实现代码：

```
1 #include "MyMoviesForm.h"

2

3 MyMoviesForm::MyMoviesForm(QWidget *parent)

4     : QMainWindow(parent)

5 {

6     //调用前面提到的 setupUi()函数

7     ui.setupUi(this);

8

9     //connecting: btnClear pressed -> clear list

10    connect(ui.btnClear, SIGNAL(clicked()),

11                              ui.listMovies, SLOT(clear()));

12
```

```
13        //无须显式地连接按钮的信号到

14        //私有槽上

15        //Qmake 将会自动完成

16   }

17

18   void MyMoviesForm::on_btnAdd_clicked()

19   {

20        //被按下
21        //如果有的话，添加新项目到列表
22        if(!ui.editTitle->text().isEmpty()) {

23            QString title = ui.editTitle->text();

24

25            QString lang = ui.radioEng->isChecked() ?

26                                        QString("ENG") :

27                                        QString("HUN");

28

29            QString recommend = ui.chkRecommend->isChecked() ?

30                                        QString(" *") :

31                                        QString("");

32

33            ui.listMovies->addItem(

34                    title + " (" + lang + ")" + recommend);

35

36            ui.editTitle->setText("");

37       }

38   }

39

40   MyMoviesForm::~MyMoviesForm()

41   {

42

43   }
```

在上面的代码中，我们实现了窗口的构造函数，在构造函数中我们调用了 UI 排版函数，将 Clear list 按钮的 clicked()信号与列表的 clear()槽连接，这样就

可以在按钮按下时，清空列表内容。

　　构造函数之后是按钮事件处理槽的实现。它的功能很简单：收集用户在 Widget 上提供的电影信息，然后将这些信息连接起来，作为新加列表项的文本。

　　在图 7.2 中，你将看到这个 Widget 程序在手机上运行的效果。

图 7.2　在 Symbian 模拟器上的运行效果

7.2.2　后台工作者类

　　下面的示例将演示如何使用 Qt 信号和槽机制来设计和实现一个在 UI 部件和业务逻辑之间的通信接口。源程序由两个基础类构成：一是 QMainWindow，该类负责构建 UI 和处理用户输入；二是 MyWorkerClass，该类负责实现在本示例中的业务逻辑。

　　考虑到本示例的演示目的，工作者类将仅实现一个非常简单的功能：由输入参数得到一个整型变量，生成其二次、三次和四次方的值，然后结果以QString 对象方式返回给调用者。

```
1 #ifndef MYWORKERCLASS_H_
2 #define MYWORKERCLASS_H_
3
4 #include <QObject>
```

```
 5 #include <QString>

 6

 7 class MyWorkerClass : public QObject

 8 {

 9     Q_OBJECT

10

11 public:

12     MyWorkerClass(QObject* = 0);

13      virtual ~MyWorkerClass();

14 const static int ERROR_NOT_A_POSITIVE_NUMBER=1;

15

16 public slots:

17     void doWork(int param);

18

19 signals:

20     void onFinished(const QString& result);

21     void onError(int errCode);

22 };

23

24 #endif /* MYWORKERCLASS_H_ */
```

　　MyWorkerClass 类声明包含标准的构造/析构函数，一个表示错误代码的整型常量和一个名为 doWork()的公共槽处理给定输入，可用来与信号连接或直接由 UI 类调用。

　　另外，这个类还声明了两个信号，一个是处理结束后发射的信号 onFinished()，；另一个是处理发生错误时发射的信号 onError()。这样的设计工作者类能够在计算过程发生异常时通知调用者（这些异常只能是由无效的输入参数引起的）。需要注意的是，信号的访问能力是与槽相反的，不受开发者的控制。所有信号都是公有的，因此，可以连接到 QObject 的槽上。

　　为了使用 Qt 信号和槽机制，类必须从 QObject 类派生，同时需要使用 Q_OBJECT 宏。

　　工作者类的具体实现如下：

```
 1 #include "MyWorkerClass.h"
```

```
 2 #include <math.h>
 3
 4 MyWorkerClass::MyWorkerClass(QObject* parent)
 5 : QObject(parent) {}
 6
 7 MyWorkerClass::~MyWorkerClass() {}
 8
 9 void MyWorkerClass::doWork(int param)
10 {
11     //类的业务功能
12
13     if(param<1) {
14         //如果输入 0 或者负数发出错误信号
15         emit onError(ERROR_NOT_A_POSITIVE_NUMBER);
16     }
17
18     else {
19         //处理输入数据
20         QString retval=QString::number(param);
21         for(int i=2;i<5;i++) {
22             retval+=", "+QString::number(pow(param,i));
23         }
24
25         //完成，以字符串返回结果
26         emit onFinished(retval);
27     }
28 }
```

上文已经提到，doWork()方法处理输入的参数，当处理成功时，发射信号 onFinished()，将结果以字符串传递。如果获取一个无效参数，则发射 onError() 信号，既不会进行计算也不会发射其他信号。

在实现了后台工作者类后，接下来是设计 QMainWindow UI 类，该类由一些 Qt Widget 构成，为前面编写的计算器功能提供测试环境。该类的 UI 设计如表 7.1 所示。

表 7.1　工作者类的 UI 设计范例

QLabel	显示 " Value: " 字符串
QLineEdit *editValue*	输入数值
QPush*Button btnGet*	开始计算
QLabel	显示 " Result: " 字符串
QLabel *lblResults*	显示结果数值
Spacer	使布局对齐排列的空白
效果	

正如本章的第一个示例，UI 的源代码通常总是由 IDE 生成，因此，没有必要通过手写代码来生成需要的布局。只需包含生成的 UI 头文件，并以变量的形式声明一个实例即可。本示例中 Qt 窗口源程序如下所示：

```
1
2 #ifndef WORKERCLASSEXAMPLE_H
3 #define WORKERCLASSEXAMPLE_H
4
5 #include <QtGui/QMainWindow>
6 #include "MyWorkerClass.h"
7
8 包括生成的 layout 头文件
9 #include "ui_WorkerClassExample.h"
10
11 class WorkerClassExample : public QMainWindow
```

```
12 {
13     Q_OBJECT
14
15 public:
16     WorkerClassExample(QWidget *parent = 0);
17     ~WorkerClassExample();
18
19 private:
20     Ui::WorkerClassExampleClass ui;
21
22     //工作者类实例
23     MyWorkerClass *workerClass;
24
25 private slots:
26     void onWorkerError(int error);
27     void on_btnGet_clicked();
28
29 };
30
31 #endif // WORKERCLASSEXAMPLE_H
```

声明中除了标准构造与析构函数之外，WorkerClassExample 还声明了两个槽：一个是 onWorkerError()，该槽与 MyWorkerClass 类的 onError()信号相连接；另一个是 on_btnGet_clicked()，如前文所述，该槽将由 Qt 自动连接到按钮 WidgetbtnGet 的 clicked 信号上。需要注意的是，在窗口类中没有为 MyWorkerClass 类的 onFinished()信号声明任何的槽。原因是这个信号将直接连接到 label 部件的 setText()槽上。

最后，WorkerClassExample 窗口的实现如下所示：

```
1 #include "WorkerClassExample.h"
2
3 WorkerClassExample::WorkerClassExample(QWidget *parent)
4     : QMainWindow(parent)
5 {
```

```
6     ui.setupUi(this);

7

8     // workerclass 实例

9     workerClass = new MyWorkerClass(this);

10

11    //连接 workerclass 信号

12    connect(workerClass, SIGNAL(onError(int)),

13        this , SLOT(onWorkerError(int)));

14

15    connect(workerClass, SIGNAL(onFinished(const QString&)),

16        ui.lblResults , SLOT(setText(const QString& )));

17  }

18

19  void WorkerClassExample::on_btnGet_clicked()

20  {

21    //槽直接方法调用

22    workerClass->doWork(ui.editValue->text().toInt());

23  }

24

25  void WorkerClassExample::onWorkerError(int error)

26  {

27

28    //显示错误信息替代返回数值

29    QString errStr("Unknown");

30

31    if(error==MyWorkerClass::ERROR_NOT_A_POSITIVE_NUMBER)

32        errStr=QString("Not a positive number.");

33

34    ui.lblResults->setText("Error: "+errStr);

35  }

36

37 WorkerClassExample::~WorkerClassExample() {}
```

图 7.3 显示了 MyWorkerClass 类在移动设备上的运行效果。

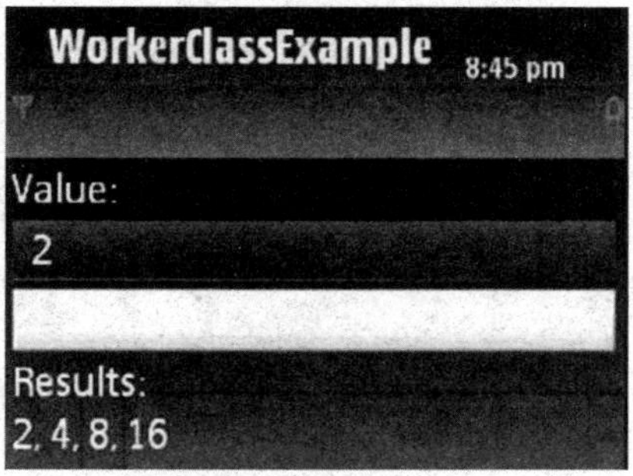

图 7.3　运行在 Symbian 模拟器上的工作者类示例

7.2.3　弹跳球

下面的弹跳球示例将介绍 Qt 图像库和 QTime 类的使用。它也演示了如何通过重载 QWidget 的函数获取按键事件通知。

弹跳球是一个常见的演示用例。它是一个实心圆，在一个窗口的边界内持续移动，实际上这个窗口只是一个简单的 QWidget 派生类。为了实现上述行为，需要重载 QWidget 的受保护方法 paintEvent()，该方法在框架要求 Widget 重绘时被调用。当重绘事件发生时，Widget 的内容已经被擦除，所以，能够在空白的 Widget 表面上绘制。为了绘制所需的形状，可以使用 QPainter 类。这个类负责实现所有底层的绘制函数，包括绘制不同的形状，处理绘制参数并设置矩阵转换。

为了绘制可移动的球体，我们需要修改绘制的位置，并反复重绘容器 Widget 的内容。使用 Qt 的 QTimer 类即可轻松实现这个要求。通过把定时器的 timeout()信号（该信号会定期发出）连接到 Widget 的 update()槽，就能确保窗口被周期性重绘。

在下面的示例中，我们将按照上述的方法具体实现这个弹跳球应用。另外，为了演示 Qt 按键事件处理，本例还为用户提供了一些输入功能，即通过方向键控制球的移动。通过重载 QWidget::keyPressEvent()方法，并根据按下方向键使球在相应的方向上移动一定的距离，就可以实现上述功能。

这个 Qt 示例程序的名称为 BallExample，其头文件和具体实现如下所示。弹跳球的运行效果如图 7.4 所示。

图 7.4　弹跳球运行效果截图

```
BallExample.h:
 1 #ifndef BALL_H
 2 #define BALL_H
 3
 4 #include <QtGui/QWidget>
 5 #include <QTimer>
 6 #include <QPaintEvent>
 7 #include <QPainter>
 8 #include <QColor>
 9 #include <QTime>
10 #include <QRect>
11 #include <QPoint>
12 #include <QString>
13
14 //包括生成的 layout 头文件
15 // UI 由一个单个全屏 QWidget 构成
16 #include "ui_Ball.h"
```

```
17
18 class BallExample : public QWidget
19 {
20     Q_OBJECT
21
22 public:
23     BallExample(QWidget *parent = 0);
24     ~BallExample();
25
26 protected:
27     void paintEvent(QPaintEvent* event);
28     void keyPressEvent (QKeyEvent * event);
29
30 private:
31     Ui::BallClass ui;
32     QTimer* timer;
33
34     //球的属性
35     QPoint r; //位置
36     QPoint v; //速度
37     const int D; //直径
38 };
39
40 #endif // BALL_H
```

BallExample.cpp:

```
1 #include "BallExample.h"
2
3 BallExample::BallExample(QWidget *parent)
4     : QWidget(parent), D(100)
5 {
6     ui.setupUi(this);
7
8     //初始化 timer, 并连接它至部件的 update 槽
9     //调用 update 强制部件重绘自身
```

```
10     timer = new QTimer(this);
11      connect(timer, SIGNAL(timeout()), this, SLOT(update()));
12
13     //开始发射
14     timer->start(50);
15
16     //初始化球的属性值
17     r.setX(this->width() / 2);
18     r.setY(this->height() / 2);
19     v.setX(10);
20      v.setY(10);
21
22 }
23
24 BallExample::~BallExample()
25 {
26
27 }
28
29 void BallExample::paintEvent(QPaintEvent* event)
30 {
31
32     //移动球
33     r+=v;
34     if(r.x() < 0) {
35         r.setX(0);
36         v.setX(-v.x());
37     }
38     else if(r.x() > width()-D) {
39         r.setX(width()-D);
40         v.setX(-v.x());
41     }
42
43     if(r.y() < 0) {
```

```
44          r.setY(0);
45          v.setY(-v.y());
46      }
47      else if(r.y() > height()-D) {
48          r.setY(height()-D);
49          v.setY(-v.y());
50      }
51
52      //在新位置上绘制球
53      QPainter painter(this);
54      QColor color(255, 0, 0);
55      painter.setBrush(color);
56      painter.setPen(color);
57      painter.setRenderHint(QPainter::Antialiasing);
58      painter.translate(r.x(),r.y());
59      painter.drawEllipse(0,0,D,D);
60
61  }
62
63  void BallExample::keyPressEvent(QKeyEvent * event)
64  {
65      //处理按键事件
66      //方向键也能移动球体
67      //除了timer 事件移动球之外
68      int key=event->key();
69      if(key == Qt::Key_Left) r+=QPoint(-40,0);
70      else if(key == Qt::Key_Right) r+=QPoint(40,0);
71      else if(key == Qt::Key_Down) r+=QPoint(0,40);
72      else if(key == Qt::Key_Up) r+=QPoint(0,-40);
73  }
```

7.2.4   选择菜单

应用程序需要处理复杂的 UI，这些 UI 可能包括许多输入 Widget 及命令按钮。然而，移动设备通常屏幕大小有限，不可能把所有内容都显示在屏幕上。为了给用户提供更友好的 UI 环境，应用程序可以使用设备的软键菜单把命令显示为简单的菜单项。

在下面的示例中，将简要介绍创建软键菜单项和动态改变其行为的方法。本例是一个由两个行编辑框组成的 Qt 表单。菜单项将实现一些基本的剪切和粘贴功能。选择"剪切"菜单项，将清除第一个文本框内容，并将其内容复制至一个私有字符串变量。"粘贴"菜单项则会将存储的字符串插入到第二个文本框。该示例的 UI 设计如表 7.2 所示。

需要注意的是，表单 Widget 本身没有包含任何命令按钮，所有的程序功能都可以按下面的示例代码实现。

首先，我们看一下示例程序的声明文件。这些菜单项都是 QAction 类的实例，该类为菜单或工具提供通用的 UI 操作处理功能。在本示例中，它将添加至 Qt 窗口的菜单栏中，该菜单栏在 Symbian 平台上将作为软键菜单显示。软键菜单项是上下文相关的，也就是说仅在输入焦点处于相应的行编辑框时这些菜单项才会显示出来。Qt 在处理多种输入事件（包括焦点变化）时，使用到了过滤模式。开发者可以通过重载父 Widget 的 eventFilter(QObject*, QEvent*)方法来处理特定事件，具体处理的实现则要根据接收到的参数，这些参数能够确定事件类型以及触发事件的对象。若重载的 eventFilter()函数返回值为 true，那么表示事件已经被"过滤"，不需要进一步处理，例如，事件不会继续传递给任何其他已注册的事件过滤器。若不打算处理特定事件，只需将其传递给父类的过滤器即可。

表 7.2 软键示例的 UI 设计

QLabel	显示 Cut...字符串
QLineEdit *editCut*	源文本框
QLabel	显示 Add...字符串
QLineEdit *editPaste*	目标文本框
Spacer	为布局对齐

（续）

效果	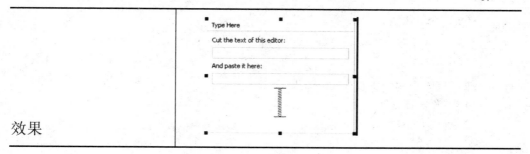

在本例中，事件过滤器方法将只处理两个行编辑器的 FocusIn 事件，这两个事件用于决定显示菜单栏中的哪个菜单项。实现这个功能只需要把相应的 QAction 的 enabled 布尔属性值设置为 true，而另一个设置为 false 即可。

下面我们列出这个 Qt 应用程序的头文件和具体实现，它实现了前面所描述的剪切和粘贴功能。

```cpp
Softkeys.h:
1  #ifndef SOFTKEYS_H
2  #define SOFTKEYS_H
3
4  #include <QtGui/QMainWindow>
5  #include <QAction>
6  #include "ui_Softkeys.h"
7
8  class Softkeys : public QMainWindow
9  {
10     Q_OBJECT
11
12 public:
13     Softkeys(QWidget *parent = 0);
14     ~Softkeys();
15
16 private:
17     Ui::SoftkeysClass ui;
18
19     //菜单动作
```

```
20    QAction* cutAction;

21    QAction* pasteAction;

22

23    //代表剪贴板

24    QString clipboard;

25    //焦点处理过滤器

26    bool eventFilter(QObject *obj, QEvent *event);

27

28    //剪切与粘贴

29    void cutEditor();

30    void pasteEditor();

31 };

32

33 #endif // SOFTKEYS_H
```

Softkeys.cpp:

```
1 #include "Softkeys.h"

2

3 Softkeys::Softkeys(QWidget *parent)

4     : QMainWindow(parent)

5 {

6    ui.setupUi(this);

7

8    //在菜单上注册行为

9    cutAction=menuBar()->addAction(

10 "Cut", this, SLOT(cutEditor()));

11    cutAction->setEnabled(false);

12

13    pasteAction=menuBar()->addAction(

14 "Paste", this, SLOT(pasteEditor()));

15    pasteAction->setEnabled(false);

16

17    //为获取焦点事件通知注册事件过滤器

18    ui.editCut->installEventFilter(this);

19    ui.editPaste->installEventFilter(this);

20
```

```
21      //清空剪贴板
22      clipboard="";
23
24  }
25
26  bool Softkeys::eventFilter(QObject *obj, QEvent *event)
27  {
28
29      if (event->type() == QEvent::FocusIn) {
30          //焦点事件被获得
31          if(obj->objectName()=="editCut") {
32              cutAction->setEnabled(true);
33              pasteAction->setEnabled(false);
34              return true;
35          }
36      else if(obj->objectName()=="editPaste") {
37          cutAction->setEnabled(false);
38          pasteAction->setEnabled(true);
39          return true;
40      }
41      return true;
42
43      } else {
44          //传递事件给父类
45          return QMainWindow::eventFilter(obj, event);
46  }
47  }
48  void Softkeys::cutEditor()
49  {
50      //剪切
51      clipboard=ui.editCut->text();
52      ui.editCut->setText("");
53  }
54
55  void Softkeys::pasteEditor()
```

```
56 {
57     //粘贴
58     ui.editPaste->setText(clipboard);
59 }
60
61 Softkeys::~Softkeys(){}
```

图 7.5 演示了在 Symbian 设备平台软键示例程序的截图。

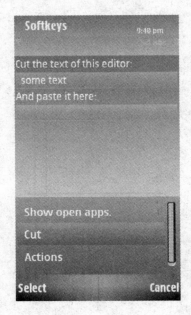

图 7.5　在 Symbian 模拟器上的软键示例程序运行效果

7.2.5　网站下载工具

本节将介绍在 QtNetwork 模块中最常用的类 QNetworkAccessManager。网络类库提供了多种接口，允许开发者开发底层网络应用，（加密）套接字服务器和客户端，以及高级协议客户端应用程序（如 FTP 或 HTTP）等。总而言之，QNetworkAccessManager 负责提交请求和获取回应。它提供了一个简单易用的接口，所以当该类实例化后，开发者能够毫不费力地使用它通过网络执行各种请求。网络请求的返回对象为 QNetworkReply 实例，该类在获取下载数据和元数据时很有用。

为了演示 QnetworkAccessManager 的功能，最方便的是写一个简单的网站下载工具。它的用户界面（见表 7.3）包括一个填写 URL 的输入框，一个开始请求按钮，一个监控下载的进度条，以及显示相应信息的 QLabel 部件。

表 7.3　网站下载工具的 UI 设计

QLineEdit *editUrl*	输入参数
QPushButton *btnDownload*	开始下载
QProgressBar *prgDownload*	进度条
QLabel *lblContent*	显示结果
Spacer	layout 对齐
效果	

在这个网站下载工具的实例中，将使用一个简单的 HTTP get 请求。完成这个请求的最简单的办法是使用 QNetworkAccessManager::get()函数。这个请求属于异步操作，也就是说，所有重要事件（成功下载的数据片段，处理中发生的错误等）的 QNetworkReply 对象都将以信号的方式发送。在下面的示例中，我们将连接两个信号至 QMainWindows 的两个槽：finished()槽（当一个请求完成时产生）和 downloadProgress()槽（显示当前下载进度，若在主窗口显示进度条时，这将非常有用）。当 get 请求完成后，可以调用 QNetworkReply::readAll()方法来获取下载内容，并将其显示到 Widget 上，如 QLabel。

网站下载工具的头文件和具体实现如下所示。需要注意的是，在编译和运行用到 QtNetwork 模块相关功能的应用程序时，必须添加 network 至项目描述文件（通常为<MainWindowName>.pro 文件）。

```
Downloader.h:
1
2  #ifndef DOWNLOADER_H
3  #define DOWNLOADER_H
4
5  #include <QtGui/QMainWindow>
6  #include <QNetworkAccessManager>
7  #include <QNetworkRequest>
8  #include <QNetworkReply>
9  #include "ui_Downloader.h"
10
11 class Downloader : public QMainWindow
12 {
13     Q_OBJECT
14
15 public:
16     Downloader(QWidget *parent = 0);
17     ~Downloader();
18
19 private:
20     Ui::DownloaderClass ui;
21     QNetworkAccessManager netManager;
22
23 private slots:
24     void on_btnDownload_clicked();
25     void on_download_finished();
26     void on_receivingProgress(qint64 done, qint64 total);
27
28 };
29
30 #endif // DOWNLOADER_H

Downloader.cpp:
1  #include "Downloader.h"
2  #include <QUrl>
```

```
3
4 Downloader::Downloader(QWidget *parent)
5     : QMainWindow(parent)
6 {
7     ui.setupUi(this);
8 }
9
10 void Downloader::on_btnDownload_clicked()
11 {
12     ui.progressDownload->setValue(0);
13
14     //设置请求 url
15     QUrl url("http://" + ui.editUrl->text());
16     QString hostname = url.encodedHost();
17     QString file = url.encodedPath();
18
19     //初始化请求
20     QNetworkRequest request;
21     request.setUrl(url);
22
23     QNetworkReply *reply = manager->get(request);
24     connect(reply, SIGNAL(finished()), this, SLOT(on_download_finished()));
25     connect(reply, SIGNAL(downloadProgress(qint64, qint64)),
26         this, SLOT(on_receivingProgress(qint64, qint64)));
27 }
28
29 void Downloader::on_download_finished()
30 {
31     QByteArray resp=http->readAll();
32     ui.lblContent->setText(QString(resp.data()));
33 }
34
35 void Downloader::on_receivingProgress(qint64 done, qint64 total)
36 {
37     ui.progressDownload->setMaximum(total);
```

```
38      ui.progressDownload->setValue(done);

39  }

40

41  Downloader::~Downloader()

42  {

43

44  }
```

如图 7.6 所示，可以看到 Http 客户端如何下载和显示简单的 HTML 页面。

图 7.6   使用网站下载工具下载一个简单的 HTML 页面

7.2.6   读取设置信息

下面的示例中，将介绍 Qt 平台下的 XML 处理库。示例源代码将演示如何使用 QXmlStreamReader 类来解析 XML 格式的配置文件。这个解析类将 XML 文档当做标记(Token)流处理，就像标准的 SAX 解析器一样。正如下面将看到的，它们的不同之处在于 SAX 解析是基于异步回调函数机制，而 QXmlStreamReader 是基于循环读/写的，这在实现递归解析处理时很有帮助，例如，为不同类型的元素生成不同的解析方法来切分解析逻辑（具体如 FriendApp 实例所示）。

示例中的第一个 XML 解析函数将负责处理下面的 XML 文件输入。

```
<?xml version="1.0"?>
```

```
<settings>
    <label>
            <red value="255" />
            <green value="0" />
            <blue value="0" />
    </label>
    <slider value="22" />
    <time value="02:02:22" />
</settings>
```

你可能已经看出来，这个结构描述了几个 widget 的一些预定义值：QLabel
的背景色，Qslider 的当前值，以及 QTimeEdit 显示的时间等。解析函数
parseSettings()在设置完 UI 后将被立即调用，接着调用 applySettings()函数把
Widget 按照刚读出的值进行设置。因此，如果输入的 XML 文件格式正确，在启
动程序后界面上的这套 Widget（见表 7.4）就会按读取的值显示出来。

表 7.4　读取设置信息示例的 UI 设计

QLabel *lblHeader*	将改变背景色
QSlider *horizontalSlider*	将改变自身的值
QTimeEdit *timeEdit*	将改变显示时间
Spacer	布局对齐
效果	

读取设置信息示例的头文件和具体实现如下所示：

StoredSettings.h:

```
1
2  #ifndef STOREDSETTINGS_H
3  #define STOREDSETTINGS_H
4
5  #include <QtGui/QMainWindow>
6  #include <QFile>
7  #include <QXmlStreamReader>
8  #include "ui_StoredSettings.h"
9
10 class StoredSettings : public QMainWindow
11 {
12     Q_OBJECT
13
14 public:
15     StoredSettings(QWidget *parent = 0);
16     ~StoredSettings();
17
18 private:
19     Ui::StoredSettingsClass ui;
20     //变量用来存储处理后的输入
21     QColor settingsColor;
22     int settingsSlider;
23     QTime settingsTime;
24
25     void parseSettings(const QString& data);
26     void applySettings();
27 };
28
29 #endif // STOREDSETTINGS_H
```

StoredSettings.cpp:

```
1  #include "StoredSettings.h"
2
3  StoredSettings::StoredSettings(QWidget *parent)
4      : QMainWindow(parent)
5  {
```

```
6      ui.setupUi(this);

7

8      // 打开输入文件

9      QFile settingsFile("stored_settings.xml");

10

11     if (settingsFile.open(QIODevice::ReadOnly)) {
12 parseSettings(settingsFile.readAll().data()); //解析输入文件
13 settingsFile.close();
14 applySettings();
15     }

16

17 }

18

19 void StoredSettings::parseSettings(const QString& data)
20 {
21     QXmlStreamReader reader(data);
22     bool inSettingsTag=false;
23     bool inLabelTag=false;

24

25     while (!reader.atEnd()) {
26         reader.readNext(); //读取下一个 token

27

28         if (reader.tokenType() == QXmlStreamReader::StartElement) {

29

30             if (reader.name() == "settings") {
31 inSettingsTag=true;
32             }
33         else if(reader.name() == "label" && inSettingsTag) {
34             inLabelTag=true;
35         }
36         else if(reader.name() == "red" && inLabelTag) {
37             int value= reader.attributes()
38                 .value("value").toString().toInt();
39             settingsColor.setRed(value);
40         }
```

```
41          else if(reader.name() == "green" && inLabelTag) {
42              int value= reader.attributes()
43                  .value("value").toString().toInt();
44              settingsColor.setGreen(value);
45          }
46          else if(reader.name() == "blue" && inLabelTag) {
47              int value= reader.attributes()
48                  .value("value").toString().toInt();
49              settingsColor.setBlue(value);
50          }
51          else if(reader.name() == "slider" && inSettingsTag) {
52              settingsSlider= reader.attributes()
53              .value("value").toString().toInt();
54          }
55          else if(reader.name() == "time" && inSettingsTag) {
56              QString timeString= reader.attributes()
57                  .value("value").toString();
58              settingsTime=QTime::fromString(timeString);
59          }
60      } //startElement
61
62      else if (reader.tokenType() == QXmlStreamReader::EndElement) {
63
64          if(reader.name() == "settings")
65              inSettingsTag=false;
66
67          else if(reader.name() == "label")
68              inLabelTag=false;
69
70      }
71
72  } //while !reader.atEnd()
73
74 }
75
```

```
76  void StoredSettings::applySettings()
77  {
78
79      ui.lblHeader->setStyleSheet("QLabel { background-color: "+
80              settingsColor.name()+"; }");
81
82      ui.horizontalSlider->setValue(settingsSlider);
83      ui.timeEdit->setTime(settingsTime);
84
85  }
86  StoredSettings::~StoredSettings() {}
```

如图 7.7 所示，可以看到在解析和处理完输入 XML 文件后，Qt 表单最终的显示结果。

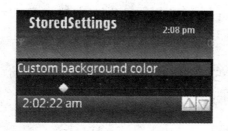

图 7.7　信息存储设置示例运行在 Symbian 模拟器上

7.2.7　交友应用程序

下面这个示例涉及 Qt XML 和网络功能，可能看上去有一点复杂，因为它使用到了很多前面介绍过的 Qt 框架模块，用来实现一个简单的社交网站移动客户端。交友应用程序（FriendsApp）主要用来演示，因此，它的功能将仅仅覆盖一些最简单的使用，即只包括登录和下载用户好友列表。

服务器和客户端的通信流程是通过简单的 HTTP Get 请求来实现的，并附加适当的参数来描述请求行为。本例所用服务器的响应总是一个 XML 文档，因此，可以用 QXmlStreamReader 处理获取到的数据。

首先我们详细了解一下通信流程。登录查询如下所示（注意，在这个示例中，密码是以明文传送，高级验证方法或加密方法没有用到）：

```
http://<server_address>/?function=login&email=
<user_login_email>&password=<password>
```

服务器验证登录请求后，其响应如下所示：

```
<friendsapp>
 <login>
    <id>user_id</id>
    <sid>session_id</sid>
    <email>user_login_email</email>
    <nick>user_nick</nick>
 </login>
</friendsapp>
```

登录响应最重要的节点是 session ID（标记为<sid>），因为服务器提供的所有功能，如获取或管理朋友、搜索、发送文本信息等，都要求有一个有效的 sid 作为输入参数。

若给定的用户名或密码不正确，服务器将返回相应的错误信息。登录出错的响应信息格式如下所示：

```
<friendsapp>
    <message code="error_code"/>
<friendsapp>
```

在登录成功后，客户端应用程序可请求任何服务器提供的功能。由于 FriendsApp 示例支持下载及显示当前好友列表，还有交友请求功能，因此，可以检验请求数据的格式及服务器响应的朋友列表数据。请求 URL 如下所示：

```
http://<server_address>/?function=get_friends&sid=<session_id>
```

服务器响应的 XML 文件由一组<friend>节点（表示用户已有的好友）和<friend_request>节点（用来提供好友请求的消息）构成。具体格式如下所示：

```
<friendsapp>
  [<friend>
    <userid>friend_user_id</userid>
```

```
        <nick>friend_nick</nick>

        <email>friend_login_email</email>

        <lastlogin>time_of_last_login</lastlogin>

    </friend> *]

    [<friend_request>

        <userid> user_id</userid>

        <nick>nick</nick>

        <email> login_email</email>

        <lastlogin>time_of_last_login</lastlogin>

    </friend_request> *]

</friendsapp>
```

　　如果在过程中发生了错误（如客户端提供错误的 sid，服务器应用连接数据库失败等），服务器将返回前面提到的错误信息，其中包括错误的确切原因等。

　　在审视服务器和客户端应用的通信流程后，现在我们可以实现应用程序的网络客户端类，这个类负责管理当前活动会话、处理网络请求，并使用前面介绍过的 SAX 解析器处理服务器响应。这个类名为 FriendClient，它提供两个公有方法执行前文描述的请求：login(QString username, QString password)和 fetchFriendList()。注意，在源代码中，这些函数的网络请求使用 http://www.example.com/friendsapp/ 作为 FriendsApp 的服务器地址。还需要注意的是，使用这个地址来实现和运行 FriendApp 示例将导致登录错误，因为 example.com 不存在。这就意味着为了测试示例程序的功能，你必须创建一个服务器，用于处理从 FriendsApp 客户端发送的请求。

　　这个示例程序使用了单例设计模式。客户端应用程序的 UI 由多个 Qt 窗口构成，因此，可以使用单例模式来确保每一个 Qt 窗口都能正确访问到同一个 FriendClient 实例。

　　FriendClient 与 Widget 类之间的通信，可以通过连接 FriendClient 的信号到 Widget 对象相关的槽上实现。其中的一些信号与登录流程相关（loginSuccess() 和 loginFailed(int errorcode)），而另一些与好友列表下载过程的事件相关。

● fetchStarted()：在开始解析时发射。

● friendFetched(QString)：在成功解析 friend 或者 friend_request 元素后发射。

String 参数代表已下载的好友信息。

- fetchError()：在下载或解析过程中产生错误时发射。
- fetchFinished(int numberOfFriendsFetched)：在解析结束时发射。

上面描述的 FriendClient 头文件和具体实现如下所示：

```
FriendClient.h:
FriendClient.h:
1 #ifndef FRIENDSCLIENT_H_
2 #define FRIENDSCLIENT_H_
3
4 #include <QObject>
5 #include <QNetworkAccessManager>
6 #include <QNetworkReply>
7 #include <QUrl>
8 #include <QString>
9 #include <QXmlStreamReader>
10 #include <QDateTime>
11
12
13 class FriendsClient : public QObject
14 {
15     Q_OBJECT
16
17 public:
18 virtual ~FriendsClient();
19
20 static FriendsClient* getInstance(); //单例实例
21     void login(QString, QString); //开始登录流程
22     void fetchFriendList(); //开始获取朋友列表
23
24
25 private:
26     FriendsClient();
27     static FriendsClient* instance;
28
```

```
29        //网络需求控制管理器
30        QNetworkAccessManager loginAccessManager;
31        QNetworkAccessManager downloadAccessManager;
32
33        //存储一个成功登录后的 sid
34        QString sessionId;
35
36        //XML 解析器
37        void parseLoginReply(const QString &);
38        void parseFetchReply(const QString &);
39        QString parseFriend(QXmlStreamReader &reader,
40        QString elementName, bool showLastSeen);
41
42 private slots:
43        //网络请求结束后回调
44        void on_loginRequestFinished(QNetworkReply*);
45        void on_fetchRequestFinished(QNetworkReply*);
46
47 signals:
48
49        //通知 login UI 类的信号
50 void loginSuccess();
51        void loginFailed(int);
52        //通知 friend 列表 UI 类的信号
53 void fetchStarted();
54        void friendFetched(QString);
55        void fetchError();
56        void fetchFinished(int);
57
58 };
59
60 #endif /* FRIENDSCLIENT_H_ */
```

FriendClient.cpp:

```
1 #include "FriendsClient.h"
2
```

```
 3 FriendsClient* FriendsClient::instance=0;

 4

 5 FriendsClient::FriendsClient()

 6 {

 7     //连接网络信号至私有槽

 8     connect(&loginAccessManager, SIGNAL(finished(QNetworkReply*)),

 9         this, SLOT(on_loginRequestFinished(QNetworkReply*)));

10     connect(&downloadAccessManager, SIGNAL(finished(QNetworkReply*)),

11         this, SLOT(on_fetchRequestFinished(QNetworkReply*)));

12 }

13

14 FriendsClient::~FriendsClient() {}

15

16 FriendsClient* FriendsClient::getInstance()

17 {

18     //静态函数，提供单例实例

19     if(!instance) instance=new FriendsClient();

20     return instance;

21 }

22

23 void FriendsClient::login(QString username, QString password)

24 {

25     //通过所提供参数，开始登录请求

26     QUrl url("http://www.example.com/friendsapp/");

27     url.addEncodedQueryItem("function", "login");

28     url.addEncodedQueryItem("email", username.toUtf8());

29     url.addEncodedQueryItem("password", password.toUtf8());

30     loginAccessManager.get(QNetworkRequest(url));

31 }

32

33 void FriendsClient::fetchFriendList()

34 {

35     //通过所提供参数，开始获取信息请求

36     QUrl url("http://www.example.com/friendsapp/");

37     url.addEncodedQueryItem("function", "get_friends");
```

```
38    url.addEncodedQueryItem("sid", sessionId.toUtf8());
39    downloadAccessManager.get(QNetworkRequest(url));
40  }
41
42
43
44  void FriendsClient::on_loginRequestFinished(QNetworkReply* reply)
45  {
46      //读取登录回应信息
47      if (!reply->error()) {
48          QByteArray resp=reply->readAll();
49          parseLoginReply(resp.data());
50      }
51      else {
52          emit loginFailed(0);
53      }
54
55  }
56
57  void FriendsClient::on_fetchRequestFinished(QNetworkReply* reply)
58  {
59      //读取好友列表回应信息
60      if (!reply->error()) {
61          QByteArray resp=reply->readAll();
62          parseFetchReply(resp.data());
63      }
64      else {
65      emit fetchError();
66      }
67
68  }
69
70  void FriendsClient::parseLoginReply(const QString &respString)
71  {
72
```

```
73        QXmlStreamReader reader(respString);

74

75    while (!reader.atEnd()) {
76        reader.readNext();
77        if (reader.tokenType() == QXmlStreamReader::StartElement) {
78            if (reader.name() == "message") {
79                //获取到一个回应信息
80                //由于某些原因登录失败所产生
81                //(如错误的用户名、密码，等等)
82                QString param=reader.attributes().value("code").toString();
83                emit loginFailed(param.toInt());
84                return;
85            }
86            else if(reader.name() == "sid") {
87                //获取到一个有效的 sessionId
88                sessionId=reader.readElementText();
89                emit on_loginSuccess();
90                return;
91            }
92        }
93    } //while !reader.atEnd()

94

95    emit loginFailed(1);

96

97 }

98

99 void FriendsClient::parseFetchReply(const QString &respString)
100 {

101    QXmlStreamReader reader(respString);

102

103    int fetchedItemCount=0;
104    emit fetchStarted();

105

106    while (!reader.atEnd()) {
107        reader.readNext();
```

```
108          if (reader.tokenType() == QXmlStreamReader::StartElement) {
109              if (reader.name() == "friend") {
110                  QString text=parseFriend(reader, QString("friend"), true);
111                  emit friendFetched(text);
112                  fetchedItemCount++;
113              }
114              else if (reader.name() == "friend_request") {
115                  QString text=parseFriend(reader, QString("friend_request"),
116                      false);
117                  emit friendFetched(text+" wants to be your friend");
118                  fetchedItemCount++;
119              }
120          }
121      }
122
123      emit fetchFinished(fetchedItemCount);
124
125  }
126
127
128  QString FriendsClient::parseFriend(QXmlStreamReader &reader, QString
         elementName, bool showLastSeen)
129  {
130      QString nick("");
131      QDateTime lastSeen;
132
133      reader.readNext();
134      while(!(reader.tokenType() == QXmlStreamReader::EndElement &&
135          reader.name() == elementName)) {
136
137          if(reader.tokenType() == QXmlStreamReader::StartElement) {
138              if(reader.name() == "nick") {
139                  nick=reader.readElementText();
140              }
```

```
141              else if(reader.name() == "lastlogin") {
142                  int seconds=reader.readElementText().toInt();
143                  lastSeen=QDateTime::fromTime_t(seconds);
144              }
145          }
146      reader.readNext();
147  }
148
149  return showLastSeen ?
150  nick+ " (last seen "+lastSeen.toString("hh:mm dd.MM.yy")+")" :
151  nick;
152 }
```

在具体实现后台工作者类后，下一步是设计两个程序所需的 Qt 表单。第一个表单用来提供一个方便的登录界面，由用户名和密码编辑框 Widget 构成。在登录成功后，第二个表单将显示在屏幕上，用户可以使用这个表单下载好友列表，并检查结果。

LoginForm 表单（见表 7.5）和 FriendListForm 表单（见表 7.6）的 UI 设计和具体实现如下所示。在学习完本章提供的几个实例后，你应该对下面的源代码非常熟悉，因此，我们将省略对这些类的详细描述。学习完 FriendsApp UI 类的具体实现后，你就可以看到程序的效果截屏。图 7.8 所示为登录失败的截图，在图 7.9 中可以看到下载的 XML 格式联系人数据将如何转变成 GUI 上显示的好友列表。

表 7.5　FriendsApp 登录窗口 UI 设计

QLabel *lblLogin*	状态显示
QLineEdit *editEmail*	登录用户名
QLineEdit *editPassword*	登录密码
QPushButton *btnLogin*	开始登录
Spacer	用来布局对齐

（续）

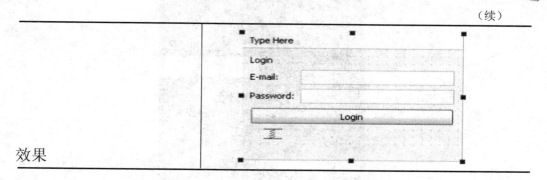

效果	

表 7.6　FriendsApp 列表窗口 UI 设计

QLabel *lblStatus*	状态显示
QPushButton *btnRefresh*	开始获取数据
QListView *listFriends*	显示获取到的数据项
Spacer	用来 layout 对齐
效果	

图 7.8　登录失败的截图

图 7.9 下载的 XML 转换成好友列表以及相应的屏幕截图

LoginForm.h:

```
 1  #ifndef LOGINFORM_H
 2  #define LOGINFORM_H
 3
 4  #include <QtGui/QMainWindow>
 5  #include "ui_LoginForm.h"
 6  #include "FriendsClient.h"
 7
 8  class LoginForm : public QMainWindow
 9  {
10      Q_OBJECT
11
12  public:
13      LoginForm(QWidget *parent = 0);
14      ~LoginForm();
15
16
17  private slots:
18      void on_btnLogin_clicked();
19
20  public slots:
21      void on_loginSuccess();
```

```
22      void on_loginFailed(int);

23

24   private:

25          FriendsClient *friendsClient;

26     Ui::LoginFormClass ui;

27

28   };

29

30   #endif // LOGINFORM_H
     LoginForm.cpp:
1    #include "LoginForm.h"
2    #include <QByteArray>
3    #include <QString>
4    #include "FriendListForm.h"

5

6    LoginForm::LoginForm(QWidget *parent)
7        : QMainWindow(parent)
8    {
9      ui.setupUi(this);

10

11     friendsClient=FriendsClient::getInstance();

12

13     connect(friendsClient, SIGNAL(on_loginSuccess()),
14         this, SLOT(on_loginSuccess()));
15     connect(friendsClient, SIGNAL(on_loginFailed(int)),
16         this, SLOT(on_loginFailed(int)));

17

18   }

19

20   LoginForm::~LoginForm () {}

21

22

23   void LoginForm::on_btnLogin_clicked()
24   {
25       friendsClient->login(ui.editEmail->text(),ui.editPassword->text());
```

```
26  }

27

28  void LoginForm::on_loginSuccess()

29  {

30      FriendListForm* fl=new FriendList();

31      fl->showMaximized();

32  }

33

34  void LoginForm::on_loginFailed(int messageCode)

35  {

36      ui.lblLogin->setText("Login failed: " +

37      QString::number(messageCode));

38  }
```

FriendListForm.h:

```
1   #ifndef FRIENDLISTFORM_H

2   #define FRIENDLISTFORM_H

3

4   #include <QtGui/QWidget>

5   #include <QString>

6   #include "ui_FriendListForm.h"

7   #include "FriendsClient.h"

8

9   class FriendListForm : public QWidget

10  {

11      Q_OBJECT

12

13  public:

14      FriendListForm(QWidget *parent = 0);

15      ~FriendListForm();

16

17  private:

18      Ui::FriendListFormClass ui;

19      FriendsClient* friendsClient;

20

21  private slots:
```

```
22      void on_btnRefresh_clicked();

23

24  public slots:

25      void on_fetchError();

26      void on_fetchFinished(int);

27      void on_friendFetched(QString);

28

29  };

30

31  #endif // FRIENDLISTFORM_H
```

FriendListForm.cpp:

```
1  #include "FriendListForm.h"

2

3  FriendListForm::FriendListForm(QWidget *parent)

4      : QWidget(parent)

5  {

6      ui.setupUi(this);

7

8      friendsClient=FriendsClient::getInstance();

9

10     connect(friendsClient, SIGNAL(fetchStarted()),

11                    ui.listFriends, SLOT(clear()));

12     connect(friendsClient, SIGNAL(fetchFinished(int)),

13         this, SLOT(on_fetchFinished(int)));

14     connect(friendsClient, SIGNAL(fetchError()),

15         this, SLOT(on_fetchError()));

16     connect(friendsClient, SIGNAL(friendFetched(QString)),

17         this, SLOT(on_friendFetched(QString)));

18

19  }

20

21  FriendListForm::~FriendListForm() {}

22

23  void FriendListForm::on_btnRefresh_clicked()

24  {
```

```
25      friendsClient->fetchFriendList();
26   }
27
28
29   void FriendListForm::on_fetchFinished(int itemcount)
30   {
31      ui.lblStatus->setText("Fetched "+QString::number(itemcount)+
32         " item(s)");
33      if(!itemcount) {
34      ui.listFriends->addItem("You have no friends.");
35        }
36   }
37
38   void FriendListForm::on_friendFetched(QString friendStr)
39   {
40      ui.listFriends->addItem(friendStr);
41   }
42
43   void FriendListForm::on_fetchError()
44   {
45      ui.lblStatus->setText("Error while fetching");
46   }
     <friendsapp>
     <friend>
         <userid>54</userid>
         <nick>Elemer</nick>
         <email>me2@abc</email>
         <lastlogin>1250416017</lastlogin>
     </friend>
     <friend>
        <userid>55</userid>
        <nick>Joseph</nick>
        <email>me3@abc</email>
        <lastlogin>1250416040</lastlogin>
     </friend>
```

```
    <friend>
        <userid>56</userid>
        <nick>Cornelius</nick>
        <email>me4@abc</email>
        <lastlogin>1250425144</lastlogin>
    </friend>
    <friend_request>
        <userid>57</userid>
        <nick>Paula</nick>
        <email>me5@abc</email>
        <lastlogin>1251483051</lastlogin>
    </friend_request>
</friendsapp>
```

7.2.8 传感器 API

除了用在桌面环境的标准 Qt 类库，Symbian 平台上的 Qt 还额外提供了一系列的 API，用于提供移动设备所支持的其他功能。这些功能包括消息（Messaging）、基于位置的服务（LBS）、照相机（Camera）、加速传感器（Sensor）等。这些接口使开发者很容易地使用 Symbian 设备的硬件功能，因为使用这些扩展包后，他们就可以使用 Qt 实现完整的程序（包含各种手机特性的程序——译者注）。需要注意的是，这些扩展类并未包含在 Qt Symbian SDK 中。为了访问这些服务，需要获取针对 Symbian Qt 的 Mobile Extension 包，并安装到开发环境中。详细信息参见 Mobile Extention 的文档（翻译此书时，此部分 API 均已并入最新的 Qt Mobility API 中，安装最新的 Qt SDK 就可以使用这些功能了——译者注）。

下面的这个小示例演示了其中一个扩展库的功能：传感器 API。现在的移动设备常见的是在硬件中内置传感器。Symbian 操作系统提供了 API 供开发者访问传感器服务。在 Qt 中，使用 Mobile Extention 也能够访问这些传感器服务。第一个例子演示了如何使用 XQDeviceQritentation 类注册一个设备方向改变侦测器。第二个示例使用了加速传感器 API（通过使用 XQAccelerationSensoe 类来访问），这个示例用起来有些复杂，因为它未使用 Qt 信号和槽，而是使用了过滤器模式。这样做的原因是，加速传感器事件的触发频率过于频繁，以至于不能使用标准的信号和槽机制来处理。

看过上面的简短介绍后，下面我们将了解移动设备基本的方向通知机制。为了演示 XQDeviceOrientation 类的用途，我们将实现一个显示 QWidget 的简单应用。XQDeviceOrientation 对象产生的 rotationChanged() 信号将连接到 Widget，这样可以在 Widget 表面绘制一个箭头，这个显示方向的箭头始终指向设备坐标系统的 Y 轴的下方（例如，屏幕向下方向，见图 5.2）。这个演示应用的具体实现如下所示：

```
1  #include "OrientationDemo.h"
2  #include "xqdeviceorientation.h"
3
4
5  OrientationDemo::OrientationDemo(QWidget *parent)
6      : QWidget(parent)
7  {
8      ui.setupUi(this);
9
10     //创建方向传感对象
11     XQDeviceOrientation* orientation = new XQDeviceOrientation(this);
12     orientation->open();
13     //设置触发通知的变化角度数值
14     orientation->setResolution(5);
15
16     connect(orientation, SIGNAL(rotationChanged(int, int, int)),
17             this, SLOT(updateRotation(int, int, int)));
18
19     //读取当前方向
20     rotation = orientation->xRotation();
21  }
22
23  void OrientationDemo::updateRotation(int rotx, int roty, int rotz) {
```

```
24
25    rotation=roty;
26    update();
27  }
28
29  void OrientationDemo::paintEvent(QPaintEvent* event)
30  {
31      //将旋转变为qreal 类型
32      qreal rotReal= 3.14 * rotation / 180;
33
34      QPainter painter(this);
35      QColor color(255, 255, 0);
36      painter.setBrush(color);
37      painter.setPen(color);
38      painter.translate(this->width()/2,this->height()/2);
39      painter.rotate(- rotReal);
40      painter.drawLine(0,-30,0,30);
41      painter.drawLine(-5,-30,5,-30);
42  }
43
44  OrientationDemo::~OrientationDemo() {}
```

　　看完上面这个小例子后，接下来我们将看到一个使用 XQAccelerationSensor 类的示例，该类提供获取设备加速传感器数据的接口。这个传感器提供基于电话本身坐标系统计算出的重力大小（见图 5.2）。你可能还记得，这个传感器的数据是通过手动注册的过滤器读取，而不是使用 Qt 信号和槽机制来读取。注册的事件过滤器都存储在堆栈中，一旦传感器事件触发时它们的 filter()方法就会被依次调用。测量到的重力大小以整数参数传给过滤器方法，实现过滤器方法即可使用它。事件过滤器有一个返回值，用来表明所接收到的传感器数据是否已过滤。这种模式很有用，例如，可以把频繁触发的传感器事件过滤，降低频率后再传递给应用程序。过滤器可以通过产生信号或直接调用的方法，向主应用程序传递过滤后的数据。

　　需要注意的是，前面介绍的 XQDeviceOrientation 类实际上是一个基于加速传感器的过滤器，它通过得到的重力数值来计算实际的旋转方向。因此，程序员也能够根据程序的功能，使用得到的加速器数据开发自己的加速度过滤器。通过 XQAbstractAccelerationSensorFilter 类派生，并使用感应器对象的 addFilter()方法注册过滤器。过滤器可以是任何 QObject 的派生类，例如，一个简单的 Widget 表单，如下面的代码片段所示：

```
1
2 #include "AccelerationDemo.h"
3
4 AccelerationDemo::AccelerationDemo(QWidget *parent)
5     : QWidget(parent)
6 {
7   ui.setupUi(this);
8
9   XQAccelerationSensor* accSensor= new XQAccelerationSensor(this);
10   XQAccelerationDataPostFilter* postFilter =
11   new XQAccelerationDataPostFilter();
12
13   //初始化过滤器堆栈并开始监控
14   accSensor->open();
15   accSensor->addFilter(*this);
16   accSensor->addFilter(*postFilter);
17
18   accSensor->startReceiving();
19 }
20
21 bool AccelerationDemo::filter(int& xAcceleration, int& yAcceleration, int
       & zAcceleration)
22 {
23   //已收到加速传感器信息
24   //可以将接收到的信息用于其他目的
25   //在本示例程序中，仅简单地在 QLabel 上显示其数值
26   ui.lblAccelerationData->setText(
27     "accX: "+QString::number(xAcceleration)+"\n"+
```

```
28        "accY: "+QString::number(yAcceleration)+"\n"+

29        "accZ: "+QString::number(zAcceleration));

30

31    //把数据传给下一个过滤器

32    return false;

33 }

34

35 AccelerationDemo::~AccelerationDemo() {}
```

注意，除了 Widget 之外，第二个过滤器也被加到传感器中。这个过滤器实际上是一个 XQAccelerationDataPostFilter 实例，它将原始的加速度数据转换成 −100～+100 的标准范围，这些原始数据在不同的 Symbian 平台版本上有所不同，同时它也修改传感器数据，使所有设备的加速度坐标都一致。因此，应该在堆栈中使用自定义过滤器之前，加入另外一个过滤器，以便统一处理不同类型设备的加速度数据。

7.2.9　消息 API

在类似 Symbian 这样的移动平台中使用 Qt 编程框架时，会用到手机常见的一些无线通信功能，如电话功能、操作联系人数据、消息服务等。其中一些功能通过前面提到的 Mobile Extensions 类库就能在 Qt 中使用。这个扩展类库的最大优点在于，开发者能够使用 Qt 风格的代码直接访问移动设备的服务，而不必了解任何与本地 Symbian API 相关的知识。为了演示用最少的工作量就能使用这些移动服务，本节将演示 Mobile Extensions 类库中的消息（Messaging）API（翻译此书时，跨平台的 Qt Mobility API 已经完全包含了 Mobile Extension 的所有功能，开发者可以很方便地使用 Mobility API——译者注）。

与消息相关的两个主要实例如下：

● 从应用中发送消息。

● 为了获取接收到消息的通知，需注册接收事件处理槽。

当前 API 支持 3 种形式的消息：短消息（SMS）、多媒体消息（MMS）和电子邮件。所有这些消息都统一由名为 XQMessage 的封装类处理，该类提供查询、操作消息属性的接口，这些属性包括收件人、消息内容、附件、消息类型等。因此，这个类允许创建自定义消息并通过 XQMessaging 类发送。另外，消息接收处理程序也可以将槽与这个类的信号连接，以便处理新接收到消息的内容。可以通过 XQMessage 实例访问接收到的数据。

在简述之后，接下来我们将创建一个可供用户在 UI 上发送短信的示例程序。它的主窗口（见表 7.7）包括编译短信内容和接收人电话号码的文本框，短信发送按钮及显示短信发送状态的 QLabel。

我们可以使用前面介绍的类实现发送短信的功能。示例程序中的单击事件处理函数，使用给定的属性创建一个简单的消息对象，然后使用 XQMessaging 的一个实例发送。SMS 文本发送应用的具体实现如下所示：

表 7.7　消息示例的 UI 设计

QPlainTextEdit *editBody*	用于输入短信内容
QLineEdit *editReceiver*	用于输入短信接收者
QPushButton *btnSend*	发送短信
QLabel *lblStatus*	状态报告
效果	

```
1
2 #include "MessagingExample.h"

3
4 MessagingExample::MessagingExample(QWidget *parent)
5     : QMainWindow(parent)
6 {
```

```
7
8      ui.setupUi(this);
9      ui.lblStatus->setText("Status: (not sent yet)");
10
11     //初始化 XQMessaging
12     messaging = new XQMessaging(this);
13
14     connect(messaging, SIGNAL(error(XQMessaging::Error)),
15         this, SLOT(sendingError(XQMessaging::Error)));
16
17
18 }
19
20 void MessagingExample::on_btnSend_clicked()
21 {
22     //发送按键事件处理
23
24     //创建消息
25     QString body=ui.editBody->toPlainText();
26     QStringList receivers;
27     receivers.append(ui.editReceiver->text());
28     XQMessage message(receivers, body);
29
30     //并且发送新的 XQMessage 实例
31     messaging->send(message);
32
33     ui.lblStatus->setText("Status: (sent)");
34 }
35
36 void MessagingExample::sendingError(XQMessaging::Error err)
37 {
38     //在发送期间发生错误时调用
39
40     ui.lblStatus->setText(
41         "Status: (error "+QString::number(err)+")");
```

```
42 }
43
44 MessagingExample::~MessagingExample() {}
```

为总结本节消息服务的知识，请参照下面的代码片段，它演示了如何注册侦听器用于接收文本消息。如上所述，消息获取功能由 XQMessaging 类所提供。在初始化 XQMessaging 实例后，需要连接它的 messageReceived(const XQMessage*)信号至自定义槽，在槽中可以处理接收到的文本消息。

```
1
2 MessagingExample::MessagingExample(QWidget *parent)
3     : QMainWindow(parent)
4 {
5
6     messaging = new XQMessaging(this);
7
8     //连接新到的短信信号至槽函数
9     connect(messaging, SIGNAL(messageReceived(const XQMessage&)),
10         this, SLOT(messageReceived(const XQMessage&)));
11
12     connect(messaging, SIGNAL(error(XQMessaging::Error)),
13         this, SLOT(receivingError(XQMessaging::Error)));
14
15     //开始接收的通知
16     //所提供的参数是用来过滤接收到的短信
17     //并仅接收 SMS 通知
18     messaging->startReceiving(XQMessaging::MsgTypeSMS);
19
20 }
21
22 void MessagingExample::messageReceived(const XQMessage& message) {
23
24     //处理接收到的消息
25     QString body=message.body();
26
```

```
27      //...
28  }
29
30  void MessagingExample::receivingError(XQMessaging::Error err)
31  {
32      //当接收发生错误时被调用
33      ui.lblStatus->setText(
34      "Status: (error "+QString::number(err)+")");
35  }
```

注意，XQMessaging 类除了 startReceiving() 方 法，还 有 一 个 名 为 stopReceiving()的方法，如果不想继续接收短信通知，那么必须调用该方法。上面的示例中没有用到这个方法，因此，它会一直接收短信通知直至程序结束。

7.2.10　相机 API

目前许多移动设备都有内置相机，移动应用开发者可以在 Qt 程序中使用这个相机。自然地，标准的跨平台 Qt 模块中不能实现这些功能。为了能够访问相机设备的功能，程序员需要使用扩展包中的相机 API。这些类是 XQViewFinderWidget 和 XQCamera。第一个类用来在 UI 上显示相机的预览图片，而第二个类提供拍照和获取 JPEG 结果图像的编程接口。

获取相机图片的过程如下所示。首先，初始化相机并连接它的信号和槽至应用程序。通过相机类的 captuer()槽函数实现拍照；通过连接槽至相机类的 capture Completed(QByteArray)或 captureCompleted(QImage*)信号来获取拍摄到的图像。为了在 UI 上显示相机预览图片，需要初始化取景器 Widget（XQViewFinder Widget），并连接相机的 cameraReady()信号至取景器的 start()槽。依照上述步骤，就能构建一个基本的相机应用，包含显示预览图像、获取拍摄图像数据等功能。读取到二进制数组或者 QImage 对象格式的图像数据后，可以对图像做进一步处理。

下面的 Qt 程序名为 CameraDemo，用来演示如何创建一个拍摄照片的应用。它的 UI（见表 7.8）由 XQViewFinderWidget 及一个按钮构成，按钮用于抓取以当前预览帧为基础的照片。Widget 表面的空白区将会显示拍摄到的图像。

为了完成这项工作，在实现图像捕捉处理槽时，只需简单地存储该图像，然后在 Widget 上重新绘制。表单 paintEvent()重载方法将最后一次存储的图像绘制到 Widget 上。

表 7.8　相机示例的 UI 设计

XQViewFinderWidget *viewFinder*	显示相机预览图片
QPushButton btn*Capture*	触发拍照
Place for drawing captured image	用于显示拍摄到的照片
效果	

```
CameraDemo.h:
1 #ifndef CAMERADEMO_H
2 #define CAMERADEMO_H
3
4 #include <QtGui/QMainWindow>
5 #include <QPaintEvent>
6 #include <QPainter>
7 #include <QColor>
8 #include <QImage>
9 #include "ui_CameraDemo.h"
10 #include "xqcamera.h"
11
12 class CameraDemo : public QMainWindow
13 {
14     Q_OBJECT
15
```

```
16 public:
17     CameraDemo(QWidget *parent = 0);
18     ~CameraDemo();
19
20 private:
21     //图像绘制所需参数
22     int IMAGE_VIEW_WIDTH;
23     int IMAGE_VIEW_HEIGHT;
24     QPoint drawTo;
25
26     //保存拍下的图像
27     QImage* capturedImage;
28
29     //相机设备
30     XQCamera* camera;
31
32     Ui::CameraDemoClass ui;
33
34 protected:
35     void paintEvent(QPaintEvent * event);
36
37 private slots:
38     void imageCaptured(QImage * image);
39
40 };
41
42 #endif // CAMERADEMO_H
```

CameraDemo.cpp:

```
1 #include "CameraDemo.h"
2
3 CameraDemo::CameraDemo(QWidget *parent)
4     : QMainWindow(parent)
5 {
6     ui.setupUi(this);
7
```

```
8     //初始化图像绘制参数
9     IMAGE_VIEW_WIDTH = this->width() - 10;
10    IMAGE_VIEW_HEIGHT = IMAGE_VIEW_WIDTH * 3 / 4;
11    drawTo.setX(5);
12    drawTo.setY(this->height() - 5 - IMAGE_VIEW_HEIGHT);
13
14    //初始化相机设备
15    camera=new XQCamera(this);
16    camera->setCaptureSize(QSize(640,480));
17
18    //连接按键单击信号至拍照槽函数
19    connect(ui.btnCapture, SIGNAL(clicked()),
20      camera, SLOT(capture()));
21
22    //连接相机拍照完成信号
23    connect(camera, SIGNAL(captureCompleted(QImage*)),
24      this, SLOT(imageCaptured(QImage*)));
25
26    //初始化 view finder 部件
27    ui.viewFinder->setCamera(*camera);
28    ui.viewFinder->setViewfinderSize(QSize(128,96));
29
30    //当相机可用时开始预览
31    connect(camera, SIGNAL(cameraReady()),
32      ui.viewFinder, SLOT(start()));
33
34  }
35
36  void CameraDemo::paintEvent(QPaintEvent* event)
37  {
38    //主窗口重绘
39    //获得一幅拍摄图像后
40    //将在表单上绘制它
41    if(capturedImage) {
42
```

```
43      QPainter painter(this);
44      painter.translate(drawTo);
45      painter.scale(
46  1.0 * IMAGE_VIEW_WIDTH / capturedImage->width() ,
47  1.0 * IMAGE_VIEW_HEIGHT / capturedImage->height());
48      painter.drawImage(QPoint(0,0),*capturedImage);
49
50  }
51
52 }
53
54
55 void CameraDemo::imageCaptured(QImage * image)
56 {
57    //当拍摄完成时，由相机设备调用
58
59    capturedImage=image; //存储拍摄得到的图像
60    update(); //请求重绘用来绘制图像
61 }
62
63 CameraDemo::~CameraDemo() {}
```

7.2.11 位置 API

    基于位置信息的移动服务目前得到广泛的应用，获取移动设备的位置信息显得更为重要。开发者通过使用 Qt Application Framework 中的 Location API extension，能够通过不同技术获取位置信息，例如，内嵌或外接式 GPS 接收器，基于网络的位置信息提供者（Provider）。而封装类 XQLocation 则隐藏了所用技术的具体细节，可以提供标准格式的位置数据。标准位置信息通常表示为当前的经度、纬度和高度的坐标值。

    使用 Qt for Symbian 获取位置信息的标准方法是，实例化 XQLocation 类，调用该类的 open()方法初始化内部的位置信息提供者（Provider），并最终利用绑定在位置类 locationChanged()信号上的槽来侦听位置变化事件。如果对特定的位置

信息感兴趣（例如，高度或速度），可选择连接专门发出特定信息的槽，如 speedChanged()、altitudeChanged()等。为了能够得到位置信息提供者（Provider）当前的可用状态，并根据需要改变应用程序的行为，还可以把槽连接到位置信息提供者（Provider）的信号 onStatusChanged(XQLocation::DeviceStatus)上。

下面的代码片段演示了请求位置信息的实际过程。这个演示应用是一个简单的表单，其中用户界面包括一个名为 lblLocation 的单独的 QLabel，它被用来显示获取到的坐标值。可以看到，在表单的构造函数中初始化了 XQLocation 类，并且把名为 updateLocation()的槽函数绑定到位置变化的信号上。最后，在槽函数的实现中，将双精度的数值精确到 4 位小数后，显示到 QLable 上。

```cpp
1 #include "LocationDemo.h"
2 #include "xqlocation.h"
3
4 LocationDemo::LocationDemo(QWidget *parent)
5     : QMainWindow(parent)
6 {
7   ui.setupUi(this);
8
9   //初始化 provider
10  XQLocation* location=new XQLocation(this);
11
12   //绑定位置变化的槽
13  connect(location,
14  SIGNAL(locationChanged(double, double, double, float)), this,
15     SLOT(updateLocation(double, double, double, float)));
16
17
18
19   //打开 provider
20   if (location->open() != XQLocation::NoError) {
21   ui.lblLocation->setText("Error opening location provider.");
22   return;
23   }
```

```
24
25      //当位置变化，获取更新的位置信息
26      //注意：下面这行若改成 startUpdates(int)将导致
27      //周期性请求位置信息
28      location->startUpdates();
29
30  }
31
32  void LocationDemo::updateLocation( double latitude, double longitude,
33      double altitude, float speed)
34  {
35
36      ui.lblLocation->setText(
37          "Latitude: "+QString::number(latitude, 'f', 4)+"\n"+
38          "Longitude: "+QString::number(longitude, 'f', 4)+"\n"+
39          "Altitude: "+QString::number(altitude, 'f', 4)+"\n"+
40          "Speed: "+QString::number(speed, 'f', 4));
41  }
42
43  LocationDemo::~LocationDemo() {}
```

    需要注意的是，也可以只请求更新一次位置信息（单次请求）。在这种情况下，应该调用一次 requestUpdate()而不是 startUpdates()。